"十四五"职业教育装备制造大类专业系列教材

DIANTI ZHISHI RUMEN

电梯知识入门

主　编◎李常斌　罗炳聪
副主编◎袁建锋　陈路兴

中国铁道出版社有限公司
CHINA RAILWAY PUBLISHING HOUSE CO., LTD.

内容简介

本书根据中等职业学校电梯安装与维修保养专业教学需要结合电梯维修保养“1+X”证书考试大纲知识点进行编写，旨在为学生提供全面的电梯知识讲解与技能培训。全书内容丰富，包括电梯历史与技术发展、电梯行业认知与职业发展、电梯安全认知、电梯法律法规与标准、电梯企业认知、典型电梯案例分析以及电梯作业情况认知共7个模块，每个模块包含2～4个项目，大部分项目均来源于企业工作情景，以确保学习内容的实用性。

本书按照电梯安装与维修保养专业岗课相通、赛教融合、课证融通的“岗课赛证”融通模式编写，内容由浅入深，坚持立德树人的根本要求，遵循职业教育人才培养规律，融入课程思政元素。

本书适合作为中等职业学校电梯安装与维修保养及相关专业的教材，也可作为电梯从业人员的培训和自学用书。

图书在版编目（CIP）数据

电梯知识入门 / 李常斌, 罗炳聪主编. -- 北京 : 中国铁道出版社有限公司, 2025. 6. -- (“十四五”职业教育装备制造大类专业系列教材). -- ISBN 978-7-113-32095-9

Ⅰ. TU857

中国国家版本馆CIP数据核字第2025NC0554号

书　　名：电梯知识入门
作　　者：李常斌　罗炳聪

策　　划：何红艳　　**编辑部电话：**（010）63560043
责任编辑：何红艳　杨万里
封面设计：郑春鹏
责任校对：苗　丹
责任印制：赵星辰

出版发行：中国铁道出版社有限公司（100054，北京市西城区右安门西街8号）
网　　址：https://www.tdpress.com/51eds
印　　刷：河北京平诚乾印刷有限公司
版　　次：2025年6月第1版　2025年6月第1次印刷
开　　本：787 mm × 1 092 mm　1/16　**印张：**12.75　**字数：**295千
书　　号：ISBN 978-7-113-32095-9
定　　价：45.00元

前　言

随着城市发展驶入快车道，建筑技术正经历着智能化与绿色化的双重更新。电梯作为现代建筑中不可或缺的垂直交通工具，其重要性日益凸显。本书为满足电梯行业对专业技术人才的需求而编写，旨在为学生提供全面的电梯知识讲解与技能培训，结合电梯维修保养“1+X”证书考试大纲，为读者提供立体化的学习资源。

本书由清远电梯产学研创联盟的资深专家和教育领域的优秀教师联合编写，内容包括电梯历史与技术发展、电梯行业认知与职业发展、电梯安全认知、电梯法律法规与标准、电梯企业认知、典型电梯案例分析以及电梯作业情况认知共7个模块。每个模块都包含2～4个项目，大部分项目均来源于企业真实工作情景，以确保学习内容的实用性。

在编写过程中，我们特别注重以下几个方面：

（1）思政元素融入。在传授专业技术知识的同时，本书融入课程思政内容，培养学生的社会责任感和职业道德，激发学生的创新精神和历史使命感。

（2）“岗课赛证”融通。本书内容与电梯安装与维修保养专业岗位需求紧密相连，实现课程内容与职业技能证书的无缝对接，帮助学生在学习过程中同步准备“1+X”证书考试。

（3）理论与实践相结合。通过案例分析和实际操作，本书不仅提供了丰富的理论知识，还注重培养学生的实践操作能力，以确保学生能够在实际工作中迅速适应岗位。

（4）数字化教学资源。本书配备了丰富的数字化教学资源，包括二维码链接的视频教程和在线练习，为学生提供了便捷的学习途径。

（5）安全意识培养。安全是永恒的主题，本书特别强调了电梯安全的重要性，通过案例分析和安全操作规程的讲解，培养学生的安全意识和应对紧急情况的能力。

本书由清远市职业技术学校、上海三菱电梯有限公司、深圳市众学科技有限公司三方联合编写，由李常斌、罗炳聪任主编，袁建锋、陈路兴任副主编，参加编写的还有苏灿明、黄福强、刘书明、邹军、邓挺、唐晓晖、覃士升。具体编写分工如下：李常斌、苏灿明、黄福强编写模块一、模块二；罗炳聪、刘书明编写模块三、模块四；袁建锋、邹军编写模块五；邓挺、唐晓晖编写模块六；陈路兴、覃士升编写模块七。全书由李常斌、罗炳聪统稿，袁建锋、陈路兴、覃士升负责全书的校订，本书的插图由覃士升及其团队完成。

我们期望本书能够成为中等职业学校电梯工程技术专业的优秀教材和从业人员的得力学习资料。同时，我们也欢迎广大读者提出宝贵的意见和建议，以便我们不断改进和完善。本书配有相关的课件、教案、课程标准等，欢迎教师完整填写学校信息来函免费获取。邮箱地址：370744595@qq.com。

由于编者水平有限，加之编写时间仓促，书中难免存在不足和疏漏之处，恳请读者批评指正。

编　者

2024年11月

目 录

模块一

电梯历史与技术发展

学习笔记

电梯作为现代社会不可或缺的交通工具之一，其发展历程是一部技术创新与应用的历史。从最初的简单升降机到现在的高速电梯，电梯技术经历了长足的发展。电梯的起源可以追溯到古代，当时人们使用辘轳等原始工具进行垂直运输。然而，真正意义上的电梯技术始于19世纪。1835年，安德鲁·内斯比特发明了第一台蒸汽驱动的升降机，开启了电梯技术的新纪元。随着电力的应用，1880年出现了电动电梯，这项创新为电梯技术的发展奠定了基础。现代电梯技术已经取得了巨大的进步，无论是在安全性、负载能力还是运行速度方面都有了显著的提高。随着时代的发展，电梯技术将继续进步，并朝着智能化、环保、节能等方向继续发展。未来的电梯技术可能不仅限于垂直运输，还会发展成为一种水平运输系统，这将使得建筑物内的人员和物品能够更快速地到达目的地。此外，电梯的智能化也是一个重要趋势，利用物联网技术、人工智能技术和云计算技术等手段，实现电梯的自动控制、远程监控和故障诊断。

项目1 电梯的发展历史

电梯的发展历史可以追溯到古代，当时人们使用原始的升降工具来运送人和物品。电梯的历史是一部技术创新和发展的历史，从最初的人力驱动到现在的高科技控制方式，电梯的发展反映了人类技术的进步和社会需求的变化。

项目目标

视频

电梯的发展历史

（一）知识与技能

1. 了解电梯的起源和发展历程，包括重要的发明和技术突破。
2. 掌握中国电梯发展的关键阶段和重要事件。
3. 熟悉不同类型电梯的特点和驱动方式。

（二）过程与方法

1. 通过查阅资料和课堂讨论，培养自主学习和合作探究的能力。
2. 分析电梯历史发展中的技术演变，提高逻辑思维能力。

学习笔记

（三）情感态度与价值观

1. 感受科技进步对人类生活的巨大影响，激发对科学技术的兴趣和热爱。
2. 培养认真、仔细的学习态度和协作精神。

项目描述

本项目旨在深入探究电梯的历史发展进程。首先，全面梳理世界范围内电梯从起源到现代的演变脉络，包括重要发明和技术突破。其次，着重研究中国电梯的发展历程，如早期引进、自主制造等关键阶段。同时，分析不同时期电梯在设计、功能和应用场景方面的变化。还探讨了电梯发展对社会、建筑和人们生活方式的影响。

（一）项目分析

电梯的历史源远流长，其起源可追溯到古代的升降工具。19 世纪，美国人伊莱沙 • 格雷夫斯 • 奥的斯的发明使电梯进入人们的生活。早期电梯面临安全问题，随着科技进步，电梯在材质、样式、控制等方面不断革新。材质从较为单一和传统的材料到先进的材料，如不锈钢、铝合金、玻璃等，外观设计从黑白到彩色，从直式到斜式等多样化的设计风格，控制方式从手柄开关操纵到智能群控，可实现无人操作、自动调度和远程监控等功能。中国最早的电梯出现在上海，由美国奥的斯公司安装。改革开放后，我国电梯业高速发展。如今，电梯类型丰富，可按用途、驱动方式、速度、有无司机等分类。电梯的发展为人们生活带来极大便利，也推动了建筑和社会的进步。通过本项目的学习，学生能够了解电梯的起源和发展历程，包括重要的发明和技术突破，掌握中国电梯发展的关键阶段和重要事件，熟悉不同类型电梯的特点和驱动方式。

（二）项目引导

引导问题1：电梯从古代的原始升降工具到现代的高科技设备，经历了哪些关键的技术变革？

引导问题2：工业革命对电梯的发展起到了怎样的推动作用？

引导问题3：中国电梯事业起步较晚，在发展过程中遇到了哪些挑战和机遇？

学习笔记

知识链接

（一）电梯的起源和发展

电梯的起源可以追溯到很久以前。早在公元前 2600 年，埃及人在建造金字塔时就使用了最原始的升降系统，如图1-1所示。这套系统的基本原理至今仍无变化：即一个平衡物下降的同时，负载平台上升。

图 1-1　最原始的升降系统

公元前1100年前后，我国的周朝时期就出现了提水用的辘轳，这是一种由木制（或竹制）的支架、卷筒、曲柄和绳索组成的简单卷扬机，如图1-2所示。公元前236年在古希腊，由著名的科学家阿基米德制成了第一台人力驱动的卷筒式卷扬机。这些就是电梯的雏形，也被称为强制式升降系统。

图 1-2　辘轳

以上古代升降工具的共同点是：木制或竹制结构、低速度、人力或畜力驱动。

学习笔记

1765年，瓦特改良了蒸汽机后，人类进入了以原动力代替人力进行繁重体力劳动的新时期。英国于1835年在一家工厂里装用了一台由蒸汽机拖动的升降机。1845年，英国人阿姆斯特朗制作了第一台水压式升降机，这是现代液压电梯的雏形。由于早期升降机大都采用卷筒提升，棉麻绳牵引，断绳坠落事故时有发生，因而电梯的发展受到了安全性的考验。1852年，41岁的美国人奥的斯发明了一种安全钳，在吊索断裂时，它能将轿厢锁住在导轨上，防止下坠。从此老式升降机发生了一次重大变革。1853年，奥的斯发明了世界上第一台以蒸汽机为动力、配有安全装置的载人升降机，1854年，在纽约“水晶宫”展览会上，奥的斯亲自表演了安全钳的性能，他站在高高的升降机平台上，然后把吊索割断，在观众们的一片惊呼声中，平台被安全钳稳稳地咬住，奥的斯安然无恙地走下了平台。由此开始，电梯的防坠安全性能有了可靠的保证。这是世界上第一台备有安全装置的客梯，如图1-3所示。

图 1-3　世界上第一台备有安全装置的客梯

现代电梯兴盛的根本在于采用电力作为动力的来源。1831年法拉第发明了直流发电机。1880年德国最早出现了用电力拖动的升降机，从此一种称为电梯的通用垂直运输机械诞生了。尽管这台电梯从当今的角度来看是相当粗糙和简单的，但它是电梯发展史上的一个里程碑。

1889年，美国纽约的“戴纳斯特”大厅内装用了第一批电梯，它们由直流电动机与蜗杆传动直接连接，通过卷筒升降电梯轿厢，速度为0.5 m/s，构成了现代电梯的基本传动结构。

虽然曳引式的驱动结构早在1853年已在英国出现，但当时卷筒式驱动的缺点还未被人们充分认识，因而早期电梯以卷筒强制驱动的形式居多。随着技术的发展，卷筒驱动的缺点日益明显，如耗用功率大、行程短、安全性差等。1903年，奥的斯电梯公司将卷筒驱动的电梯改为曳引驱动，为今天的长行程电梯奠定了基础，从此在电梯的驱动方式上，曳引驱动占据了主导地位。曳引驱动不仅使传动机构体积大大减小，而且使电梯曳引机在结构设计时有效地提高了通用性和安全性。

从20世纪初开始，交流异步电动机进一步完善和发展，开始应用于电梯拖动系统，使电梯拖动系统简化，同时促进了电梯的普及。直至今日，世界上绝大多数速度在2.5 m/s以下的电梯均采用交流异步电动机来拖动。

20世纪30年代，美国奥的斯电梯公司采用直流发电机—电动机方式在纽约的102层摩天大楼内安装了74台电梯，其中最高额定运行速度达6 m/s。西屋电气公司也于1937年在纽约70层的洛克菲勒中心安装了75台电梯，其中最高额定运行速度达7 m/s。

早期电梯的控制方式几乎全部采用司机轿内开关控制，电梯的起动、运行、减速、平层、停车等判断均靠司机做出，操作起来很不方便。1894年，奥的斯公司开发了一种由层楼控制器自动控制平层的技术，从而成为电梯控制技术发展的先导。

1915年，奥的斯公司又发明了由两个电动机控制的微驱动平层控制技术，它由一个电动机专用于起动和快速运行，另一个则用于平层停车，从而得到了16：1的减速范围，运行较为舒适，平层较准。

为了解决乘客候梯时间长的问题，1925年出现了一种集选控制技术。它能将各层站上下方向的召唤信号和轿厢内的指令集中和电梯轿厢位置信号比较，从而使电梯合理运行，缩短了乘客候梯的时间，提高了电梯运行效率。这种技术使司机的操作大大简化，不再需要司机对电梯的运行方向和停层选择做出判断，司机仅需按层楼按钮及关闭层门按钮。这种控制技术现在还在广泛使用，被认为是电梯控制技术的一大进步。

20世纪30年代，交流异步电动机因其价格低、制造和维修方便而广泛应用于电梯上。用改变电动机极对数的方法达到了双速控制的要求，使拖动系统结构简化，可靠性大大提高。目前我国大多数在用电梯均采用这种交流双速变极拖动控制系统。

早期的直流拖动电梯，在发展到交流单、双速拖动后，随着高层建筑的发展，人们对电梯额定运行速度的要求日益提高，产生了直流调速控制的直流电动机拖动的高速电梯。这一系统从最初的开环、有级、有触点控制发展到今天的闭环、无触点控制系统。这是电梯控制技术的又一次进步。

随着电子技术的发展，从20世纪60年代末到70年代初，开始发展了应用交流电动机的交流调速拖动，它从交流调压调速进而发展到变频变压调速系统。它以其突出的节能效果在一定范围内（≤4 m/s）完全取代了直流拖动系统。这是目前正在大力发展的技术，被认为是电梯拖动技术的一次飞跃。20世纪80年代，随着计算机技术的进步，电梯控制系统逐渐引入计算机控制。进入21世纪，物联网和智能化技术的发展为电梯控制系统带来了新的变革。

微电子技术的飞速发展使微型计算机用于电梯的控制，正全面替代有触点的继电器控制方式。从而使电梯的拖动控制、信号操作及自动调度控制达到了一个新的高度。如今，微型计算机的大量应用及大功率半导体元件的技术发展使得电梯控制系统日益自动化、智能化，交流调频调压技术也正向大功率、高速度方向发展。目前，这一技术的发展已使交流调速拖动的电梯速度达到了20.5 m/s，必将逐步取代直流拖动电梯。

（二）中国电梯的历史发展

据统计，目前我国电梯保有量已超过千万台。电梯服务中国已有100多年历史，我国在用电梯数量的快速增长发生在改革开放以后，目前我国电梯技术水平已与世界同步。100多年来，中国电梯行业的发展经历了以下几个阶段。

1. 对进口电梯的销售、安装、维修保养阶段（1900—1949年）

在1900年至1949年间，中国的电梯市场主要由外国品牌主导，尤其是美国奥的斯电

学习笔记

梯公司。这个时期的电梯销售、安装和维保业务大多由这些外国公司在华代理机构负责。

2．独立自主，艰苦研制开发、粗放生产阶段（1949—1978年）

在新中国成立之前，中国的电梯数量仅有千台左右，主要由美国企业控制。1951年，中国成功制造了第一台自主制造的电梯。此阶段，中国在上海、天津、沈阳等地设立了电梯制造厂，并开展了各类电梯产品的科研攻关。

3．外资品牌主导阶段（1978—2000年）

随着改革开放的推进，中国市场吸引了许多国际先进的电梯企业投资建厂，这一时期外资品牌通过独资或合资的方式进入并开始主导国内电梯整机制造市场。

4．民族品牌崛起阶段（2000—2010年）

国内电梯企业在技术、管理水平等方面取得显著提高，完成了从研发、设计、制造到安装维保的完整业务链建设。国产电梯品牌逐渐打破了外资电梯企业的市场主导地位，并在国际市场上逐渐占有一席之地。

5．行业高速发展阶段（2010年至今）

中国电梯行业呈现高速发展，国内电梯制造企业数量激增，生产数量和在用电梯保有量均高速增长，中国已成为世界最大的新装电梯市场和最大的电梯生产国。

6．数字化、智能化、低碳化发展阶段（2015年至今）

近年来，电梯行业正朝着数字化、智能化、低碳化的方向发展，国内电梯整机厂商正积极进行数智化布局，推动电梯行业的技术进步，提高市场竞争力。

目前，国际电梯市场呈现发达国家和地区需求稳步增长、新兴市场需求快速增长的特征。我国电梯产品的产量、销量均居全球首位，电梯产量占全球总产量的50%以上，已成为全球最大的电梯生产和消费市场。

近年来，外资品牌和民族品牌电梯制造企业在品牌和目标市场定位方面逐渐差异化，从互相竞争向互相促进转变。由于社会经济发展水平不均衡，全球电梯区域市场存在较大差异。欧美和日本等发达国家电梯行业起步早，人均电梯保有量水平高。中国等国家和地区电梯行业起步较晚，人均电梯保有量水平较低，但因为经济增长迅速，正在大力发展基础设施建设，电梯需求增长快，已成为全球重要的电梯消费市场。

（三）电梯的未来发展

电梯从问世到今天已经有100多年了，它给人们的日常生活带来了便利与舒适，以至成为人们生活中不可缺少的一部分。电梯由最早的简陋、不安全及不舒适的升降机发展到今天，经历了无数次的改进提高，其技术是无止境的。综观电梯的发展历程，今后还将在以下几个方面有更大的改进和突破。

1．超高速电梯

随着多用途、全功能的高层塔式建筑的发展，超高速电梯继续成为研究方向。除采用曳引式电梯之外，直线电机驱动电梯也会有极大的发展空间。未来电梯如何保证其安全性、舒适性和便捷性也成为了一个研究的方向。

2．电梯智能群控系统

电梯智能群控系统将基于强大的计算机软硬件资源支持，能适应电梯交通的不确定性、控制目标的多样化、非线性表现等动态特性。随着智能建筑的发展，电梯的智能群控系统与大楼所有自动化服务设施结合成整体智能系统，也是电梯技术的发展方向。

3．蓝牙技术应用

蓝牙（blue tooth）技术是一种全球开放的、短距离无线通信技术规范，它通过短距离无线通信，把电梯各种电子设备连接起来，取代纵横交错繁复凌乱的线路，实现无线成网，将极有效地提高电梯产品的先进性和可靠性。

4．电梯发展更加环保、绿色

现代电梯的环保发展方向要求电梯更加节能环保，减少噪声污染、油污染和电磁辐射污染，兼容性强，寿命长，电梯中使用的各种原材料（包括装潢材料）均为绿色环保型，与建筑物及自然环境搭配协调，人性化程度高等，尽量使用太阳能和风能等绿色能源，减少对环境的破坏。

5．电梯产业将网络化、信息化

电梯控制系统将与网络技术紧密地结合在一起，用网络把相互分离的在用电梯连接起来，对其运行情况作即时采集并进行统一监管，统一纳入维保管理系统，快速有效地对故障进行维修；通过电梯网站进行网上交易，既能够实现电梯采购、配置、招投标等，也可在网上申请电梯定期检验等工作。

项目实施

根据班级实际情况，4人一组，分组完成后，小组成员分工合作查找相关资料讨论完成以下内容。

1．电梯的历史发展可以分为哪几个关键阶段？

2．电梯的雏形最早出现在哪一年？是谁制造出来的？

3．世界上第一台电梯是什么公司制造的？它的动力源是什么？

学习笔记

4. 中国电梯的历史发展经历了哪几个阶段？

5. 未来的电梯发展主要有哪些方面的改进和突破？

项目评价

完成项目后根据学生自评、小组互评和教师评价填写表1-1项目实施评价表。

表1-1 项目实施评价表

序号	评价内容	评分标准	配分	学生自评	小组互评	教师评价
1	电梯的历史发展	能否完整地叙述世界电梯的发展历程	20分			
		能否准确叙述电梯的雏形出现的时间和地点	10分			
		能否说出世界上第一台电梯的制造公司和它的动力源	20分			
2	中国电梯发展历程	能否完整地叙述中国电梯发展的历程	10分			
		能否详细叙述中国电梯历史发展各阶段的特点	10分			
3	电梯的发展趋势	能否准确叙述未来电梯的主要发展方向	10分			
4	小组合作	小组成员之间是否能分工合作，相互讨论	20分			
合计			100分			

能力测试

1. 判断题

（1）电梯是现代发明，古代没有电梯的前身。（　　）

（2）世界上第一台安全电梯是在1854年纽约世博会上展示的。（　　）

（3）电梯行业的节能技术发展与现代社会对节能减排的要求无关。（　　）

（4）中国电梯行业的新装市场和更新改造市场都与房地产市场无关。（　　）

（5）中国电梯行业的发展历程可以划分为初创阶段、外资品牌主导阶段和民族品牌崛起阶段。（　　）

学习笔记

2. 选择题

（1）世界上第一台安全电梯是在（　　）展示的。

A. 伦敦　　B. 纽约　　C. 东京　　D. 巴黎

（2）中国自主制造的第一台电梯安装在（　　）。

A. 上海　　B. 北京　　C. 天津　　D. 广州

（3）中国电梯行业的发展历程中，外资品牌主导阶段开始于（　　）。

A. 1950 年　　B. 1980 年　　C. 2000 年　　D. 2010 年

（4）中国电梯行业目前在全球市场中的地位是（　　）。

A. 最大的电梯市场之一　　B. 全球最大的电梯新装市场

C. 较小的市场份额　　D. 几乎没有影响力

（5）中国电梯行业的民族品牌崛起阶段开始于（　　）。

A. 1950 年　　B. 1980 年　　C. 2000 年　　D. 2010 年

项目 2　电梯的定义与分类

电梯是一种以电动机为动力的垂直升降机，装有箱状吊舱，用于多层建筑乘人或载运货物。也有台阶式，踏步板装在履带上连续运行，俗称自动扶梯，是服务于规定楼层的固定式升降设备，运行在至少两列垂直的或倾斜角小于15° 的刚性导轨之间。习惯上不论其驱动方式如何，都将电梯作为建筑物内垂直交通运输工具的总称。

视频

电梯的定义与分类

项目目标

（一）知识与技能

1. 理解电梯的基本定义，能够准确描述电梯的功能、组成部分和工作原理。
2. 能够识别并描述不同类型的电梯，对电梯进行分类，并解释每种分类的特点。

（二）过程与方法

1. 通过比较不同类型电梯的设计和功能，能够分析它们的优缺点，并根据特定需求选择合适的电梯类型。
2. 通过学习主动探索电梯技术的发展历程，了解当前的技术趋势。

（三）情感态度与价值观

1. 通过了解电梯的分类和特点，能够对各种类型的电梯产生兴趣，激发探索的热情。
2. 通过学习发挥团队合作精神。

项目描述

电梯的定义与分类项目旨在全面概述电梯的定义、功能和种类。

学习笔记

（一）项目分析

本项目介绍电梯的基本定义、功能和种类。电梯是一种运输设备，设计用于安全、高效地运送人员和货物。它由多个关键系统组成，包括控制系统、曳引系统、轿厢、门系统、导轨、对重等，这些系统协同工作以实现精确的楼层控制和平稳的运行体验。电梯的基本功能包括运输、安全保障和紧急响应。电梯的种类繁多，可以根据不同的标准进行分类。

（二）项目引导

引导问题1：电梯的基本定义是什么？

引导问题2：你见过几种不同类型的电梯？分别简述它们的特点。

引导问题3：电梯主要组成部分有哪些？

知识链接

（一）电梯的定义

电梯的定义可以从多个角度进行解释，但核心概念是动力驱动、沿刚性导轨运行的箱体或梯级（踏步）设备，用于垂直或倾斜方向运送人或货物。根据《特种设备安全监察条例》和国家标准GB/T 7024—2008，电梯被定义为：服务于建筑物内若干特定的楼层，其轿厢运行在至少两列垂直于水平面或与铅垂线倾斜角小于15° 的刚性导轨运动的永久运输设备。包括载人（货）电梯、自动扶梯、自动人行道等，但非公共场所安装且仅供单一家庭使用的电梯除外。垂直升降电梯结构简图如图1-4所示，自

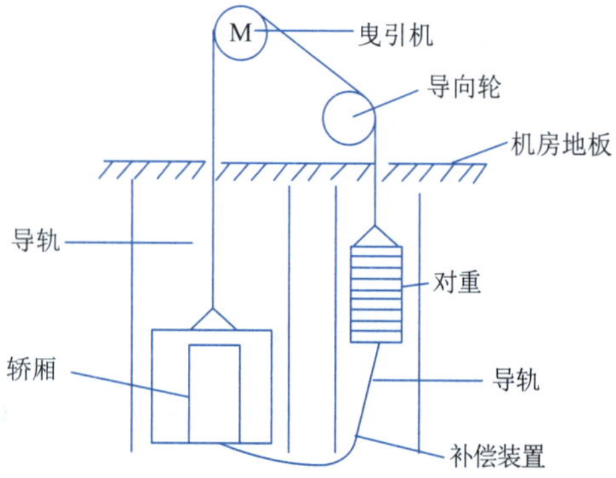

图 1-4 垂直升降电梯结构简图

学习笔记

动扶梯结构简图如图1-5所示。

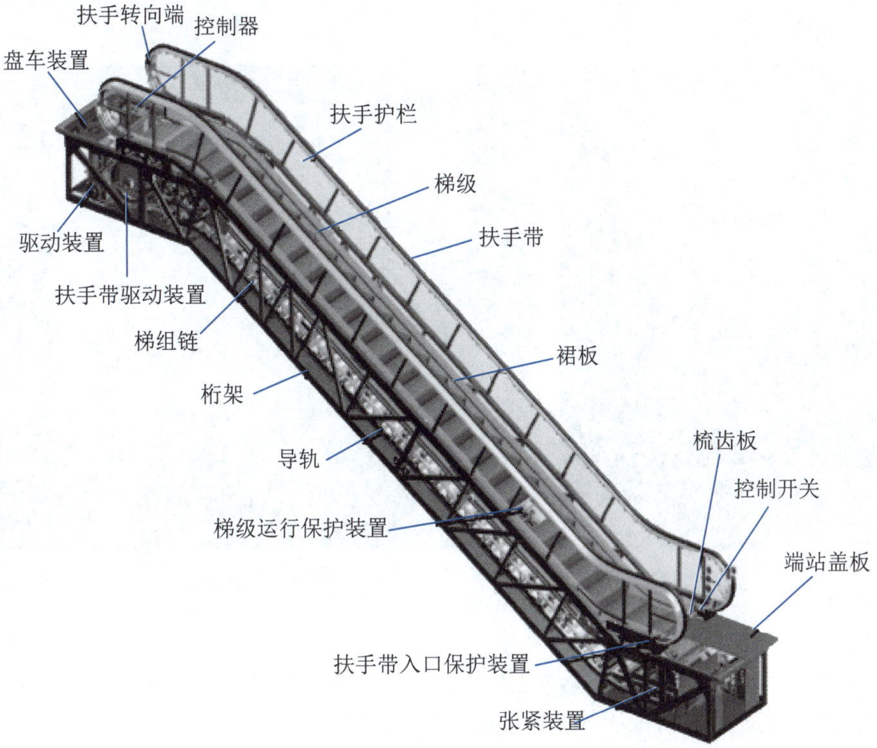

图 1-5　自动扶梯结构简图

（二）电梯的分类

电梯的分类方法多种多样，主要可以从用途、速度、电动机类型、驱动方式、控制方式、有无司机等方面进行划分。

1．按用途分类

电梯按用途分类是一种常用的分类方法，但由于电梯有一定的通用性，所以实际标准不是很明确。

（1）乘客电梯

乘客电梯是专为运送乘客设计的电梯类型，它们要求具备完善的安全设施以及一定的轿内装饰，如图1-6所示。这类电梯在机场、饭店、宾馆、写字楼以及大型商场等客流量大的场合中非常常见。为了提高运送效率，乘客电梯通常具备较快的运行速度和高度自动化的控制系统，同时在安全设施上也非常齐全，从而确保乘客的安全和舒适。乘客电梯的种类可以根据不同的标准进行分类。根据国际标准ISO 4190-1，乘客电梯被归类为I类电梯。除此之外，还可以根据驱动方式、操纵控制方式、机房位置、运行速度等进行分类。乘客电梯为限制乘客人数，其轿厢内面积有限，轿厢宽深比例较大，为10：7～10：8，以利于人员出入。为提高运行效率，其运行速度较快。

（2）载货电梯

载货电梯以运送货物为主，并能运送随行装卸人员。因运送货物的物理性质不同，

学习笔记

其轿厢内部容积差异较大。但为了适应装卸货物的要求，其结构要求坚固。由于运送货物额定质量大，一般运行速度较低，以节省设备投资和电能消耗。轿厢的宽深比例一般小于1，如图1-7所示。

图 1-6　乘客电梯

图 1-7　载货电梯

（3）客货（两用）电梯

客货电梯主要用作运送乘客，也可运送货物。其结构比乘客电梯坚固，装饰要求较低。一般用于企业和宾馆饭店的服务部门，如图1-8所示。

（4）病床电梯

病床电梯用于医疗单位运送病人及医疗救护器械。其特点为轿厢宽深比小，深度尺寸≥2.4 m，能容纳病床。病床电梯要求运行平稳，噪声小，平层精度高，如图1-9所示。

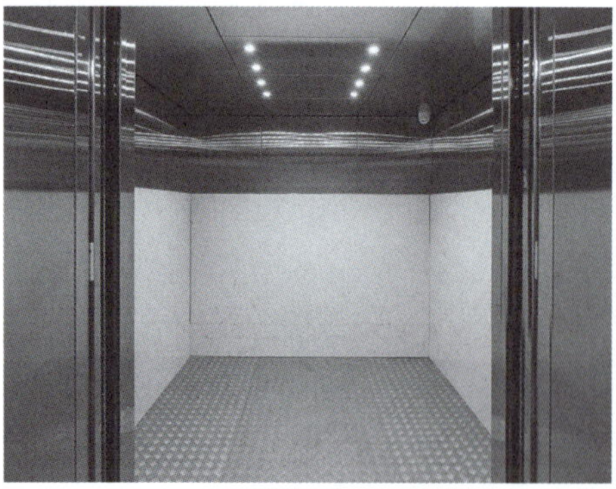

图 1-8　客货（两用）电梯

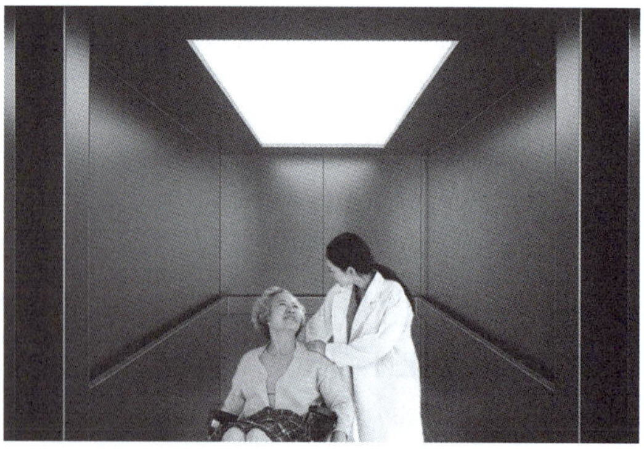

图 1-9　病床电梯

（5）住宅电梯

住宅电梯是专门设计用于居民住宅楼中的电梯，它们通常具有较小的载重能力、较慢的运行速度，并且更加注重舒适性和安全性，如图1-10所示。

（6）杂物电梯

杂物电梯，也称为服务电梯或传菜电梯，如图1-11所示，是专为楼层间物品运输设计的专用升降设备。它通常用于餐厅、食堂、图书馆、医院等场所，用于运送食品、杂物、图书等小型货物。杂物电梯的设计不允许人员进入轿厢，以确保使用安全，其轿厢尺寸、载重量都有明确的限制，例如底板面积不得超过1.0 m^2，深度和高度分别不得超过1.0 m和1.2 m，载重量一般在100～300 kg之间。杂物电梯的主要功能是提高运输效率和节省成本，操作简便且维护费用相对较低，部分新型杂物电梯还具有环保节能的特点。

图 1-10　住宅电梯

图 1-11　杂物电梯

（7）船用电梯

船用电梯是一种专为船舶设计的垂直运输设备，用于在船舶上运送乘客、货物和其他物品。根据不同的需求和使用环境，船用电梯可以分为多种类型，包括船用乘客电梯、船员电梯、船用载货电梯、自动扶梯以及食品升降机等。

（8）观光电梯

观光电梯是一种特殊的电梯类型，它不仅提供垂直运输的功能，还因其透明或部分透明的井道和轿厢壁设计，让乘客在乘坐过程中能够欣赏外部景观，从而提升乘坐体验。这种电梯广泛应用于宾馆、商场、高层办公楼等场合，不仅提升了建筑的美观度，也成为了建筑物的一道亮丽的风景线。观光电梯的设计注重美观与实用性的结合，轿厢形状有方型、切角型、半圆型等多种选择，如图1-12所示。

（9）汽车电梯

汽车电梯是一种专为解决汽车垂直运输问题而设计的特殊电梯，广泛应用于汽车4S店、维修车间、大型商场和超市的楼顶停车场、立体车库等场所。相较于传统的汽车坡道，汽车电梯可以节省大量建筑面积并提高汽车的周转效率，如图1-13所示。

（10）其他电梯

用作专门用途的电梯，如冷库电梯、防爆电梯、防腐电梯、矿井电梯、消防员用电梯、建筑工程电梯等。

学习笔记

图 1-12　观光电梯

图 1-13　汽车电梯

2. 按电梯额定速度分类

电梯额定速度分类标准在国际上存在显著差异，主要体现在不同国家和地区采用的标准和要求上。目前国内习惯划分为如下几种。

（1）低速电梯

低速电梯的额定速度≤1 m/s。

（2）中速电梯

中速电梯的额定速度为1～2.5 m/s。

（3）高速电梯

高速电梯的额定速度为2.5～5 m/s。

（4）超高速电梯

超高速电梯的额定速度>5 m/s。

随着电梯技术的不断发展，电梯速度越来越高，按速度分类的基数也在相应提高，到目前为止，世界上最高速度电梯已达到20.55 m/s。

3. 按拖动电动机的类型分类

（1）交流电梯

交流电梯是采用交流电动机拖动的电梯，按调速方式的不同又可分为单、双速拖动电梯，调压拖动交流电梯和调频调压拖动交流电梯。其中单、双速拖动交流电梯采用改变电动机极对数的方法调速。调压拖动交流电梯通过改变电动机电源电压的方法调速。调频调压拖动交流电梯采取同时改变电动机电源电压和频率的方法调速。

（2）直流电梯

直流电梯是采用直流电动机推动的电梯。由于其调速方便、加减速特性好，曾被广泛采用，但随着电子技术的发展，直流拖动电梯正在被更加节能高效的交流调速拖动电梯代替。

学习笔记

4．按驱动方式分类

（1）钢丝绳驱动式电梯

钢丝绳驱动式电梯可分成两种不同的形式：一种是被广泛采用的摩擦曳引式；另一种是卷筒强制式。前一种安全性和可靠性都较好，后一种的缺点较多，已很少采用。

（2）液压驱动式电梯

液压驱动式电梯历史较长，它可分为柱塞直顶式和柱塞侧置式。其优点是机房设置部位较为灵活，运行平稳，采用柱塞直顶式时，轿厢可不设置安全钳及底坑，地面的强度可大大减小，顶层高度限制较小。但其工作高度受柱塞长度限制，运行高度较低。在采用液压油作为工作介质时，还须充分考虑防火的安全要求。

（3）齿轮齿条驱动式电梯

齿轮齿条驱动式电梯通过两对齿轮齿条的啮合来运行，运行时振动、噪声较大。这种形式的电梯一般不需设置机房，由轿厢自备动力机构，控制简单，适用于流动性较大的建筑工地。目前已划入建筑升降机类。

（4）链条链轮驱动式电梯

链条链轮驱动式电梯是一种强制驱动形式的电梯，因链条自重较大，所以提升高度不能过高，运行速度也因链条链轮传动性能限制而较低。但在企业升降物料的作业中，这种电梯却有着传动可靠、维护方便、坚固耐用的优点。

电梯还有其他的驱动方式，如气压式、直线电动机直接驱动式、螺旋驱动式等。

5．按操纵控制方式分类

（1）手柄开关操纵式电梯（轿厢内开关控制）：代号S（手柄）

电梯司机转动手柄位置（闭合/开断）来操纵电梯运行或停止。要求轿厢上装玻璃窗口，便于司机判断层数，控制开关，这种电梯又包括自动门和手动门两种，多作为货梯使用。

（2）按钮控制式电梯：代号A（按钮）

电梯运行由轿厢内操纵盘上的选层按钮或层站呼梯按钮来操纵。某层站乘客将呼梯按钮按下，电梯就起动运行去应答。在电梯运行过程中如果有其他层站呼梯按钮按下，控制系统只能把信号记存下来，不能去应答，也不能把电梯截住，直到电梯完成当前应答运行层站之后方可应答其他层站呼梯信号。

它是一种具备简单控制的电梯，有自平层功能，分为轿厢外按钮控制和轿厢内按钮控制两种形式。

（3）信号控制式电梯：代号XH（信号）

把各层站呼梯信号集合起来，将与电梯运行方向一致的呼梯信号按先后顺序排列好，电梯依次应答接运乘客。电梯运行取决于电梯司机操纵，而电梯在任何层站停靠由轿厢操纵盘上的选层按钮信号和层站呼梯按钮信号控制。电梯往复运行一周可以应答所有呼梯信号。

这是一种自动控制程度较高的电梯，除了具有自动平层和自动开门功能外，还有轿厢命令登记、厅外召唤登记、自动停层、顺向截停和自动换向等功能，通常用于有司机客梯或客货两用电梯。

学习笔记

（4）集选控制式电梯：代号JX（集选）

在信号控制的基础上把呼梯信号集合起来进行有选择的应答。电梯为无司机操纵，在电梯运行过程中，可以应答同一方向所有层站呼梯信号和按照操纵盘上的选层按钮信号停靠。电梯运行一周后，若无呼梯信号就停靠在基站待命。为适应这种控制特点，电梯在各层站的停靠时间可以调整，轿门设有安全触板或其他近门保护装置，轿厢设有过载保护装置等。

（5）并联控制式电梯：代号BL（并联）

共用一套呼梯信号系统，把两台或三台规格相同的电梯并联起来控制。无乘客使用电梯时，经常有一台电梯停靠在基站待命，该电梯称为基梯；另一台电梯则停靠在行程中间预先选定的层站，该电梯称为自由梯。当基站有乘客使用电梯并起动后，自由梯即刻起动前往基站充当基梯待命。当有除基站外其他层站呼梯时，自由梯就近先行应答，并在运行过程中应答与其运行方向相同的所有呼梯信号。如果自由梯运行时出现与其运行方向相反的呼梯信号，则在基站待命的电梯就起动前往应答。先完成应答任务的电梯就近返回基站或到中间选下的层站待命。

当三台电梯并联控制时，其中有两台作为基梯，一台为自由梯。其运行原则同两台并联控制式电梯。并联控制式电梯中的每台电梯均具有集选控制功能。

（6）梯群控制式电梯：代号QK（群控）

客流量大的高层建筑物中具有多台电梯时，可把电梯分为若干组，每组四至六台电梯，将几台电梯控制连在一起，分区域进行有程序或无程序综合统一控制，对乘客需要电梯情况进行自动分析后，选派最适宜的电梯及时应答呼梯信号。

群控指用微型计算机控制并统一调度多台集中并列的电梯，它使多台电梯集中排列，共用厅外召唤按钮，按规定程序集中调度和控制。其程序控制分为四程序和六程序，前者将一天中客流情况分成四种，如：上行高峰状态运行，下、上行平衡状态运行，下行高峰状态运行及杂散状态运行，并分别规定相应的运行控制方式；后者较前者多上行较下行高峰状态运行，下行较上行高峰状态运行两种程序。

6．按有无司机的分类

（1）有司机电梯

电梯的运行方式由专职司机操纵来完成。

（2）无司机电梯

乘客进入电梯轿厢，按下操纵盘上所需要去的层楼按钮，电梯自动运行到达目的层楼，这类电梯一般具有集选功能。

（3）有/无司机电梯

这类电梯可变换控制电路，平时由乘客操纵，如遇客流量大或必要时改由司机操纵。

7．按其他方式分类

目前电梯技术的发展使电梯控制日趋完善，操作趋于简单，功能趋于多样，分类方式也各不相同。除前文介绍的分类方式外，电梯还可按其他方式分类，如按曳引机房的位置分类可分为：机房位于井道上部的电梯、机房位于井道下部的电梯；按控制方式分类可分为：轿厢内手柄开关控制的电梯，轿厢内按钮开关控制的电梯，轿厢内、外按钮开关控制的电梯，轿厢外按钮开关控制的电梯，信号控制的电梯，集选控制的电梯，2台

学习笔记

或3台并联控制的电梯，梯群控制的电梯；按拖动方式分类可分为交流异步单速电动机拖动的电梯、交流异步双速电动机变极调速拖动的电梯、交流异步双绕组双速电动机调压调速（ACVV）拖动的电梯、交流异步单速电动机调频调压调速（VVVF）拖动的电梯、直流电动机拖动的电梯等。

项目实施

根据班级实际情况，4人一组，分组完成后，小组成员分工合作查找相关资料讨论完成以下内容。

1. 电梯的定义是什么？

2. 电梯的分类方法有哪几种？

3. 按速度分类的电梯额定速度是多少？

低速电梯________________________。

中速电梯________________________。

高速电梯________________________。

超高速电梯________________________。

4. 列出以下电梯的特点。

乘客电梯的特点：________________________。

载货电梯的特点：________________________。

客货（两用）电梯的特点：________________________。

病床电梯的特点：________________________。

住宅电梯的特点：________________________。

杂物电梯的特点：________________________。

船用电梯的特点：________________________。

观光电梯的特点：________________________。

汽车电梯的特点：________________________。

项目评价

完成项目后根据学生自评、小组互评和教师评价填写表1-2项目实施评价表。

学习笔记

表1-2 项目实施评价表

序号	评价内容	评分标准	配分	学生自评	小组互评	教师评价
1	电梯的定义	能否准确地叙述电梯的定义	20分			
2	电梯的分类	能否完整地叙述电梯的分类方法	20分			
3	电梯的特点	能否准确区分中高低速电梯的速度范围	20分			
		能否归纳各种用途电梯的特点	20分			
4	小组合作	小组成员之间是否能分工合作，相互讨论	20分			
合计			100分			

能力测试

1. 判断题

（1）电梯是一种水平运输设备，用于在建筑物内部运送人员或货物。（　　）

（2）乘客电梯和货梯的主要区别在于它们的载重能力。（　　）

（3）观光电梯的设计允许乘客在乘坐时欣赏外部景观。（　　）

（4）医用电梯设计用于运送病床和医疗设备，因此通常具有较大的轿厢尺寸。（　　）

（5）住宅电梯通常设计得比乘客电梯更小，以适应住宅建筑的空间限制。（　　）

2. 选择题

（1）电梯主要用于（　　）。

A. 水平运输　B. 垂直运输　C. 货物包装　D. 安全监控

（2）观光电梯与其他电梯的主要区别是（　　）。

A. 速度更快　B. 载重量更大

C. 井道和轿厢壁透明或部分透明　D. 需要专人操作

（3）医用电梯设计的主要考虑是（　　）。

A. 高速度　B. 大载重量

C. 能够容纳病床　D. 小巧的轿厢尺寸

（4）电梯的分类通常不包括（　　）。

A. 乘客电梯　B. 载货电梯　C. 家用电梯　D. 手动电梯

（5）汽车电梯主要用于（　　）。

A. 运送乘客　B. 运送货物　C. 运送汽车　D. 消防用途

视频

电梯的基本结构、基本参数

项目3 电梯的基本结构、基本参数

电梯是机电技术高度结合，用来完成垂直方向运输任务的特种设备，其中的机械部分相当于人的躯体，电气部分相当于人的神经，两者不可分割，关系密切。机械部分与电气部分的高度合一，使电梯成为现代科技的综合产品，同时对其运行的安全可靠程度要求非常高。电梯的基本结构是指构成电梯系统的主要部件和它们的基本功能。按位置不同可分为为四大空间位置，按不同系统可分为八大系统。电梯术语是描述电梯系统及

学习笔记

其组件时使用的专业词汇，本项目介绍一些常见的电梯术语。电梯的基本参数是描述电梯性能和工作能力的关键指标，对于电梯的选择、设计、安装和使用都非常重要，本项目介绍一些主要的电梯基本参数。

项目目标

（一）知识与技能

1．能够识别并描述电梯的各个主要部件，掌握电梯各系统的功能及其相互之间的配合关系。

2．掌握电梯常用名词术语，熟悉并能正确使用电梯相关的专业术语。

3．理解电梯的主要参数。

（二）过程与方法

1．通过现场参观，提升观察能力和解决问题的能力。

2．通过探究学习，培养发现问题、分析问题和解决问题的能力。

（三）情感态度与价值观

1．激发对电梯技术及其应用领域的兴趣，增强探索未知领域的热情和好奇心。

2．在学习过程中保持严谨的科学态度，注重细节和精确性。

项目描述

1．了解并绘制电梯的基本结构图

熟悉并绘制出电梯的主要组成部分及其相互关系的示意图。

2．学习并解释常用术语

通过课堂讲解和实际案例分析，掌握电梯行业的专业术语，并能正确使用这些术语进行交流。

3．计算和应用基本参数

能够根据实际需求计算和选择合适的电梯参数，如载重量、速度等，并讨论其对电梯性能的影响。

4．观察电梯运行过程

通过教学电梯的运行过程，观察不同参数变化对电梯运行的影响。

（一）项目分析

本项目主要介绍电梯的基本结构、常用术语及基本参数，是理解电梯工作原理和进行安装、维护的重要基础。其中电梯的基本结构主要介绍垂直升降电梯的主要组成部分和基本功能；电梯的常用术语主要介绍电梯的一些专用术语，如载重量、额定速度、行程、层站、轿厢门、层门、井道尺寸、平衡系数、驱动方式等；电梯的基本参数是介绍一些参数，如载重量、速度等。

（二）项目引导

引导问题1：你见过电梯的哪些部分？尝试说出其名称及功能。

学习笔记

引导问题2：你知道的电梯的专业术语有哪些？

引导问题3：你知道的电梯主要参数有哪些？

知识链接

（一）电梯的基本结构

不同规格型号的电梯，其功能和技术要求不同，配置与组成也不同，在此，我们以比较典型的曳引式电梯为例作介绍。以四大空间划分的曳引式电梯各部分组成如图1-14所示。曳引式电梯整体结构简图如图1-15所示。

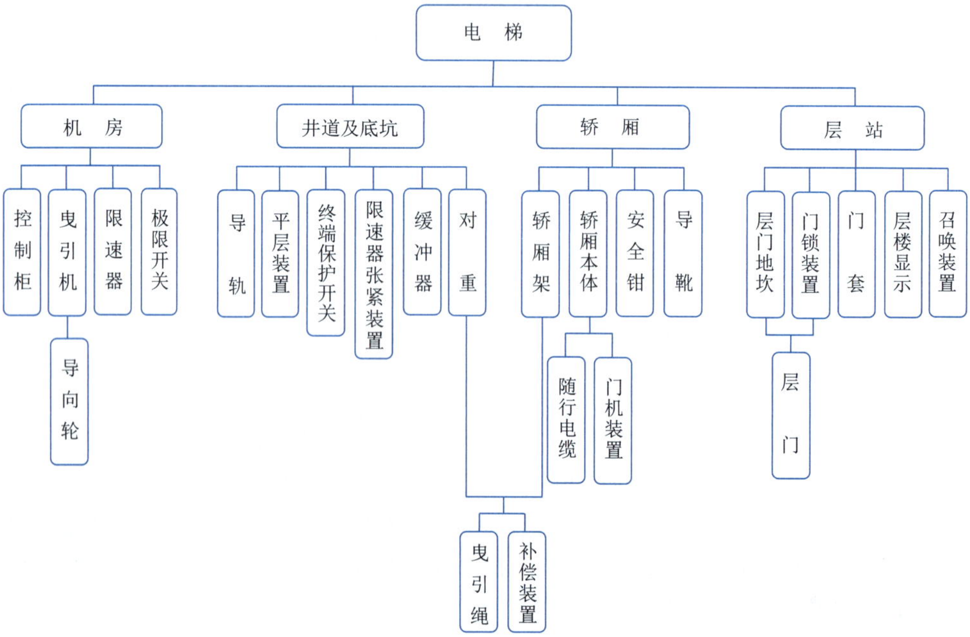

图 1-14 曳引式电梯的组成

学习笔记

1. 机房

机房是安装电梯驱动系统和控制设备的专用空间，通常位于井道的顶部或建筑物的某个独立区域。机房内包含曳引机、控制柜、限速器等关键设备。

2. 井道及底坑

井道是电梯轿厢运行的垂直通道。井道的尺寸和结构设计必须能够容纳轿厢、对重、导轨、电缆和缓冲器等电梯组件。底坑位于井道的最底部，是安装缓冲器和其他井道底部设备的区域。底坑设计必须能够承受电梯在行程末端的冲击力，并提供足够的空间进行维护和修理。

3. 轿厢

轿厢是电梯中用于载客或载货的封闭空间。它是乘客进行垂直运输的地方，通常配备有操纵面板、照明、通风系统和紧急通信设备。

4. 层站

层站是乘客等待电梯到达的楼层区域，通常包括层门和召唤按钮或指示器。

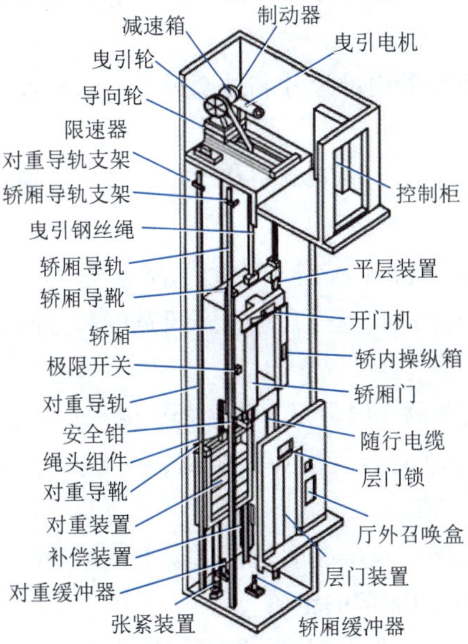

图 1-15　曳引式电梯的整体结构简图

（二）电梯的基本参数

1. 电梯的主要参数

（1）额定载重量

电梯的额定载重量是指电梯在设计和制造过程中确定的最大安全负载能力，通常以千克（kg）为单位来表示。这个值是为了确保电梯在正常运行过程中不会因为超载而发生故障或者安全事故。

根据不同的标准和用途，电梯的额定载重量可以有多种不同的规格。例如：

乘客电梯设计载重量一般不小于800 kg，使用载重量不小于630 kg。常见的额定载重量包括320 kg、400 kg、630 kg、800 kg、1 000 kg、1 250 kg、1 600 kg等。

学习笔记

货梯设计载重量通常不小于1 000 kg。常见的额定载重量包括630 kg、1 000 kg、1 600 kg、2 000 kg、3 000 kg、5 000 kg等。

（2）额定速度

电梯的额定速度是电梯设计中的一个重要参数，它指的是电梯在正常运行条件下所能达到的最大速度，通常以米/秒（m/s）为单位。额定速度是电梯设计和制造时必须遵守的规范之一，它直接关系到电梯的运输效率和乘客的舒适感。电梯的额定速度有不同的标准，这些速度标准是根据电梯的载重量、使用频率以及建筑物的高度等因素综合考虑得出的，旨在确保电梯运行的安全性和效率。同时，电梯制造商在设计电梯时，也需要根据这些标准来确定电梯的驱动系统、曳引机的功率以及控制方式等关键技术参数，以满足不同类型电梯的需求。

乘客电梯的额定速度有0.63 m/s、1.00 m/s、1.75 m/s、2.50 m/s、3.00 m/s等。

货梯的额定速度有0.25 m/s、0.63 m/s、1.00 m/s等。

2．电梯的基本规格

电梯的基本规格涵盖了一系列关键参数，这些参数定义了电梯的运输能力、运行效率和适应性。以下是电梯的基本规格概述。

① 轿厢尺寸：包括轿厢的内部尺寸和外廓尺寸，这些尺寸影响乘客的舒适度和电梯井道的设计。

② 井道尺寸：根据电梯的类型和额定载重量确定，井道尺寸需要满足电梯运行和安全的要求。

③ 开门宽度：指轿厢门和层门完全开启时的净宽度。

④ 开门方式：包括中分式、旁开式等，开门宽度和方向对乘客进出的便利性有重要影响。

⑤ 层站数：指电梯服务的楼层数量，每个楼层的入口称为一个层站。

⑥ 提升高度：指电梯垂直运行的最大距离，通常根据建筑物的楼层数和楼层高度确定。

⑦ 顶层高度和底坑深度：顶层高度是指从顶层端站地面到机房地面的距离，底坑深度是指从底层端站地面到井道底部的距离。

⑧ 驱动方式：包括曳引驱动、液压驱动等，影响电梯的运行效率和能耗。

⑨ 操纵控制方式：如按钮控制、信号控制、集选控制等，影响电梯的运行逻辑和调度效率。

⑩ 安全装置：包括限速器、安全钳、缓冲器等，确保电梯运行的安全性。

⑪ 无障碍设计：确保电梯可以为残疾人和行动不便的人士提供服务。

项目实施

根据班级实际情况，4人一组，分组完成后，小组成员分工合作查找相关资料讨论完成以下内容。

1．按照空间位置划分电梯可以分为哪几个空间部分？说一说各部分的主要部件。

学习笔记

2．电梯的常用术语有哪些？

3．电梯的主要参数有哪些？

项目评价

完成项目后根据学生自评、小组互评和教师评价填写表1-3项目实施评价表。

表1-3　项目实施评价表

序号	评价内容	评分标准	配分	学生自评	小组互评	教师评价
1	电梯的基本结构	能否准确地叙述电梯的各部分结构和功能	30分			
2	电梯的常用术语	能否叙述电梯的一些常用术语及含义	20分			
3	电梯的参数	能否准确描述电梯的主要参数及含义	30分			
4	小组合作	小组成员之间能否分工合作，相互讨论	20分			
合计			100分			

能力测试

1．判断题

（1）电梯的主要参数包括承载能力、速度、行程、门尺寸、开关门时间、运行方式、驱动方式、安全控制系统等。（　　）

（2）电梯的额定速度是指设计所规定的轿厢运行速度。（　　）

（3）电梯的轿厢是用于载客或载货的空间。（　　）

（4）电梯的载重量越大，其额定速度也必须越大。（　　）

学习笔记

（5）电梯的曳引机安装在轿厢顶部。　　（　　）

2．选择题

（1）电梯在空间位置上的基本结构包括哪些部分（　　）。

A．曳引系统、导向系统、轿厢、门系统、重量平衡系统等

B．曳引系统、导向系统、轿厢、门系统、质量平衡系统等

C．曳引系统、导向系统、轿厢、门系统、电力拖动系统等

D．机房、井道及底坑、轿厢、层站

（2）电梯的额定载重量是指（　　）。

A．制造和设计规定的电梯运行速度　　B．制造和设计规定的电梯载重量

C．轿厢内限定的乘客人数　　D．电梯在运行时的最大负荷

（3）电梯的提升高度是指（　　）。

A．从底层端站楼面至顶层端站楼面之间的垂直距离

B．电梯轿厢的尺寸

C．电梯门的形式

D．电梯的额定速度

（4）电梯的主要参数不包括（　　）。

A．额定载重量　　B．载客人数　　C．轿厢尺寸　　D．提升高度

（5）电梯的轿厢尺寸主要包括（　　）这些参数。

A．长度和宽度　　B．长度和高度

C．宽度和高度　　D．长度、宽度和高度

项目4　新时代智能化电梯技术

新时代的智能化电梯技术是现代科技发展的重要组成部分，其核心在于利用物联网、大数据、人工智能等新兴技术实现电梯的智能化运行与管理。智能化电梯通过集成传感器和智能算法，能够实现对电梯运行时间、速度和方向的智能控制。这种控制不仅提高了电梯的运行效率，还增强了其安全性和可靠性。物联网技术是智能电梯不可或缺的一部分。它使得电梯能够实时监测数据，进行远程监控、故障预警和智能调度。在实际应用中，智能电梯项目更多地依赖于数字化服务，逐步取代人工操作，从而提升电梯装置的运行可靠性。这种数字化服务包括从生产到报废的全周期管理，形成关键数据信息档案。新时代智能电梯还注重节能环保技术的应用。

项目目标

（一）知识与技能

1．能够描述智能电梯如何利用物联网、云计算、大数据等技术实现对电梯运行状态的实时监控、故障预警、智能调度等功能。

2．掌握智能电梯的控制系统的构成和工作原理。

学习笔记

（二）过程与方法

1. 通过研究从传统电梯到现代智能电梯的演变，理解技术进步如何推动产品创新。
2. 通过案例分析，理解智能电梯在不同场景下的应用。

（三）情感态度与价值观

1. 通过学习智能电梯的技术，激发对科技发展的兴趣，勇于探索未知领域。
2. 讨论智能电梯技术可能带来的社会影响，形成正确的价值观。

项目描述

本项目主要介绍智能化电梯的概念、功能和技术特点；了解电梯物联网技术的基础知识；讲解如何利用智能化技术进行电梯的安全监控和故障预警；了解系统集成和传感器在智能化电梯系统中的应用；通过分析具体案例，了解智能化电梯技术在实际生产生活中的应用和效果；了解智能化电梯技术在节能减排和可持续发展中的作用。

（一）项目分析

本项目的内容涵盖了电梯技术的多个方面。其中主要了解智能化技术如物联网、人工智能、大数据分析等在电梯监控、预测性维护和能效管理中的应用。

（二）项目引导

引导问题1：未来电梯技术的发展趋势可能是什么？

引导问题2：你知道的电梯节能技术有哪些？

引导问题3：你觉得智能电梯应该具有哪些功能？

学习笔记

知识链接

（一）高度智能与自动化

电梯的智能调度，指根据人流量、楼层分布等信息，通过智能算法实现电梯的自动调度，提高运行效率，减少乘客等待时间。例如，在写字楼的上下班高峰期，系统自动增加电梯的运行频次，并合理分配电梯到达不同楼层；在商场等场所，根据不同区域的人流量动态调整电梯的停靠楼层。

自动呼梯与选层，借助物联网技术，乘客可以通过手机App、智能语音等方式远程呼梯，并提前选择要到达的楼层。电梯系统接收到指令后，自动规划运行路线，实现“人未到，梯先动”，为乘客提供更加便捷的乘梯体验。

无人驾驶电梯，随着技术的进一步发展，无人驾驶电梯将成为可能。电梯能够自主完成开关门、运行、停靠等操作，无须人工干预，进一步提高运行效率和安全性。

（二）深度融合物联网与数字化

1. 电梯物联网应用

将每部电梯都连接到物联网，实现电梯之间、电梯与其他设备（如楼宇控制系统、消防系统等）以及与云端管理平台的互联互通。通过物联网，管理人员可以远程实时监控电梯的运行状态、故障信息等，并实现远程控制与管理。例如，当电梯发生故障时，系统自动将故障信息发送到维保人员的手机上，同时远程控制电梯停止运行，避免事故扩大。

2. 电梯运行数据分析

收集电梯运行过程中的各种数据，包括运行时间、次数、故障记录、能耗等，并运用大数据分析技术进行深度挖掘。通过分析数据，可以优化电梯的运行策略、制定合理的维保计划、评估电梯的性能和寿命等，为电梯的管理和决策提供科学依据。

3. 与智能建筑系统集成

作为智能建筑的重要组成部分，电梯将与智能建筑中的其他系统，如空调系统、照明系统、安防系统等进行更加紧密地集成和协同工作。例如，根据电梯内的乘客数量自动调节楼层的照明亮度和空调温度；当发生火灾等紧急情况时，电梯与消防系统联动，自动运行到指定楼层并打开轿厢门，方便人员疏散。

（三）注重人化设计与服务

1. 个性化乘梯体验

根据不同乘客的需求和偏好，提供个性化的服务。例如，为残障人士设置专门的操作界面和辅助设施；为老年人提供大字体显示、语音提示等功能；为上班族提供快速到达指定楼层的优先服务等。

2. 改善轿厢环境

运用先进的材料和技术，打造更加舒适、安静、整洁的轿厢环境。如采用隔音材料降低噪音，安装空气净化设备改善空气质量，设置智能照明系统根据不同场景自动调节光线亮度等。

3．信息交互与增值服务

在轿厢内安装显示屏，提供各类信息服务，如实时新闻、天气预报、广告宣传等。还可以实现与乘客的互动，例如通过触摸屏让乘客查询楼层信息、周边设施等，甚至提供在线购物、预约服务等功能，增加电梯的附加价值。

（四）多技术融合创新

1．5G通信技术的应用

5G技术的低延迟、高带宽特性将为电梯的远程监控、实时数据传输等提供更有力的支持，使电梯的物联网连接更加稳定和高效，进一步提升电梯的智能化管理水平。

2．区块链技术的应用

应用区块链技术可以确保电梯数据的安全存储和传输，防止数据篡改和伪造，提高电梯数据的可信度和安全性。同时，区块链技术还可以用于电梯零部件的追溯和管理，保障电梯的质量和安全。

项目实施

根据班级实际情况，4人一组，分组完成后，小组成员分工合作查找相关资料讨论完成以下内容。

1．查找资料，总结新时代智能化电梯技术的内容。

2．小组讨论，在新时代智能化电梯技术中你们更看好哪个方面？

学习笔记

项目评价

完成项目后根据学生自评、小组互评和教师评价填写表1-4项目实施评价表。

表1-4　项目实施评价表

序号	评价内容	评分标准	配分	学生自评	小组互评	教师评价
1	总结新时代智能化电梯技术的内容	能否准确地说出新时代智能化电梯技术的内容	40分			
2	表达出新时代智能化电梯技术容易实现的方面	能否准确地通过小组讨论得出结论	40分			
3	小组合作	小组成员之间能否分工合作，相互讨论	20分			
合计			100分			

能力测试

1．判断题

（1）智能调度系统可以通过分析人流量和楼层分布来优化电梯运行效率。（　　）

（2）无人驾驶电梯目前可以完全自主完成所有操作，无须任何人工干预。（　　）

（3）电梯物联网技术允许电梯与楼宇控制系统、消防系统等其他设备进行通信。（　　）

（4）大数据分析在电梯管理中不能用于优化电梯的运行策略。（　　）

（5）区块链技术在电梯管理中没有应用价值。（　　）

2．选择题

（1）智能调度系统主要通过（　　）来实现电梯的自动调度。

A. 乘客的身高和体重　　B. 人流量和楼层分布

C. 电梯的颜色和型号

（2）（　　）不是电梯物联网技术的应用。

A. 远程监控电梯运行状态　　B. 预测性维护

C. 限制乘客使用电梯

（3）大数据分析在电梯管理中的主要作用是（　　）。

A. 优化电梯的外观设计　　B. 优化电梯的运行策略

C. 减少电梯的制造成本

（4）智能建筑系统集成中，电梯系统与（　　）联动可以方便人员疏散。

A. 空调系统　　B. 照明系统　　C. 消防系统

（5）个性化乘梯体验不包括以下（　　）服务。

A. 为残障人士提供辅助设施　　B. 为老年人提供大字体显示

C. 提供在线游戏服务

学习笔记

拓展阅读

数字化时代电梯行业的高质量发展：智能化、安全与标准

在数字化时代背景下，电梯行业作为城市基础设施的重要组成部分，其创新发展与安全性能的提升显得尤为重要。通过科技力量，电梯行业正逐步实现全链条项目管控，以智能化、信息化手段推动行业的高质量发展。

物联网和人工智能技术的应用，为电梯安全提供了新的解决方案。电梯物联网通过整合数据传感器、视频监控、故障报警系统等信息，利用AI数据分析，实现了远程监测、自动报警、远程控制、诊断维护等功能。这不仅提高了电梯的监管效率和管理效率，还满足了智慧城市、智慧社区的建设要求。例如，通过实时监测和数据分析，电梯物联网能够及时发现异常并发布预警，实现故障的“早发现、早分析、早预防”，从而有效减少电梯故障，提高电梯运行的安全性和可靠性。

此外，电梯行业的维护保养也得到了显著提升。通过优化维保市场，推动“全包维保”模式，明确电梯日常维护及零部件的更换责任，降低了电梯全生命周期使用成本。同时，维保单位应用远程诊断等技术，提高了维护保养的科学性和有效性。市场监管总局发布的《电梯安全筑底三年行动方案（2023—2025年）》中，提出了提升维护保养质量水平、强化检验检测技术把关能力等措施，以确保电梯安全性能，提升应急救援能力，实现应急处置平台服务全覆盖。

在技术标准方面，中国电梯协会制定的《电梯行业现场安全标准》等规范，为电梯的安装、改造、修理、维护保养等工作提供了详细的安全指导。这些标准涵盖了从施工环境照明、用电安全、受限空间作业到设备检查和测试等多个方面，确保了电梯施工现场的安全。

电梯行业的高质量发展不仅体现在技术创新和智能化升级上，还体现在对安全标准的严格遵守和维保质量的持续提升上。通过这些措施，电梯行业正朝着更加安全、高效、智能的方向发展，为人们提供更加可靠的垂直交通服务。

模块二

电梯行业认知与职业发展

学习笔记

电梯作为现代建筑不可或缺的垂直运输设备，其发展历程凝聚了人类智慧和技术的进步。从最初的手拉货梯到现代的高速智能电梯，电梯行业的发展历史不仅反映了技术革新的步伐，也与社会发展、人口增长和城市化进程紧密相关。对于中职学生来说，了解电梯行业的发展史以及正确规划自己的职业生涯，是必须要掌握的基本技能。以下从电梯行业的历史与现状、电梯职业的未来发展与职业路径、电梯职业的技能要求与培训三个方面进行学习，学生将了解电梯行业的发展历史并建立起对电梯职业未来发展的基本认知，为今后的专业学习和职业生涯打下坚实的基础。

项目1 电梯行业的历史与现状

中国电梯行业的发展历程可谓是一部波澜壮阔的史诗，从最初的依赖进口、技术薄弱，到如今的自给自足、技术领先，这一行业经历了无数的风雨和挑战，才取得了今天的辉煌成就。本项目从电梯行业的历史、电梯行业的现状等方面进行学习，可以让学生详细地了解电梯行业的发展历史，知道中国电梯行业的发展历程是一部充满艰辛和奋斗的历史，这一历程不仅见证了中国电梯行业的崛起和壮大，也展现了中国制造业的蓬勃发展和巨大潜力，面对未来，我们应该继续发扬电梯行业的优良传统和精神风貌，推动这一行业不断向前发展。

项目目标

（一）知识与技能

1. 了解电梯行业的历史。
2. 认识电梯行业的现状。
3. 通过对电梯行业历史和现状的学习，更好地提升自己的专业技能。

（二）过程与方法

1. 通过学习电梯行业的历史，能够在实践中认识历史的发展规律，设计电梯发展的理想蓝图。

学习笔记

2. 通过认识电梯行业的现状，能够正确规划未来的电梯职业生涯。

（三）情感态度与价值观

1. 通过对电梯行业历史和现状的学习，从中汲取智慧，为未来的决策提供参考，培养批判性思维和判断能力，拓展视野并增强文化传承和社会责任。

2. 作为电梯从业人员，有责任了解和理解电梯行业的历史与现状，以便为未来的职业生涯做好准备。

项目描述

本项目旨在了解电梯行业的历史与现状，拓展视野和认知，培养批判性思维和判断能力，帮助学生更好地认识当前电梯行业的现状以及可能的发展趋势，以便为未来的电梯职业生涯做好规划。

（一）项目分析

中国电梯行业的发展历程是一部充满艰辛和奋斗的历史。这一历程不仅见证了中国电梯行业的崛起和壮大，也展现了中国制造业的蓬勃发展和巨大潜力。面对未来，我们应该继续发扬电梯行业的优良传统和精神风貌，推动这一行业不断向前发展。

（二）项目引导

引导问题1：电梯行业的历史是怎样的？

引导问题2：电梯行业的现状是怎样的？

引导问题3：学习电梯行业的现状对我们未来就业有什么作用？

知识链接

（一）电梯行业的历史

中国电梯行业的发展历史可以追溯到1900年，当时美国奥的斯电梯公司通过代理商

学习笔记

获得了在中国的第一份电梯合同，并为上海提供了两台电梯。这标志着世界电梯历史上在中国的开始。

在中华人民共和国成立之初，中国的电梯数量仅有千台左右，主要分布在北京、上海、天津等城市，且主要由美国企业控制。这一时期，中国电梯行业处于初创阶段（1950年至1979年），电梯数量有限，技术和市场均由外资企业主导。

改革开放后，中国电梯行业进入了快速发展阶段。从1980年开始，中国电梯行业经历了起步、外资品牌垄断和民族品牌崛起等多个阶段。在此期间，中国电梯行业的技术水平逐渐提升，产业格局也发生了显著变化，形成了约400多家企业、20多家外资品牌企业和约50家零部件企业的市场现状。

2024年统计报告数据显示，中国电梯保有量已突破1 000万台（含家用电梯），年均增长率约6%~8%。过去十年（2014—2024）保有量翻了一番。目前中国电梯保有量、年产量、年增长量均为世界第一。中国电梯技术水平已与世界同步，行业发展呈现出集中度高、增速加快、发展趋势良好的态势。

中国电梯行业虽然起步较晚，但自90年代初期以来，随着经济发展和技术进步的推动，中国电梯行业开始迅速发展。在这一阶段，国内企业通过不断学习和潜心研发，逐步缩小了与国际先进水平的差距。随着高层建筑的大量兴建使得电梯需求量不断增加，市场对电梯的需求日益强烈，从无到有、从有到多，再到如今的多品牌竞争，中国电梯行业经历了快速的发展过程。

自2000年以来，中国电梯行业进入了民族品牌崛起的新阶段。通过持续的技术创新和市场拓展，民族品牌逐渐占据了中低端市场的主导地位，并在性价比上具有显著优势。例如，快意电梯股份有限公司（见图2-1）作为一家老牌民族电梯上市公司，在过去几十年的发展历程中，直面挑战并坚韧破局，成为民族品牌崛起的缩影。在外资环伺下，康力电梯等民族品牌凭借敢想敢干的精神，闯进了“世界十强”，展示了中国电梯品牌的崛起。康力电梯一直以民族品牌为己任，致力于让中国制造屹立于世界之林。

图 2-1　快意电梯股份有限公司

回顾中国电梯行业的发展历程，我们不禁为这一行业的辉煌成就感到自豪。从最初的依赖进口到如今的自给自足、技术领先，中国电梯行业经历了无数的风雨和挑战，才取得了今天的辉煌成就。这一历程不仅展现了中国电梯行业从弱到强、从依赖进口到自给自足的壮丽画卷，也揭示了中国制造业的崛起之路。

当然，中国电梯行业的发展离不开政府的大力支持和推动。政府在政策、资金、技术等方面给予了电梯行业充分的扶持和帮助，为这一行业的发展创造了良好的环境和条件。电梯行业的从业者们也付出了艰辛的努力和汗水，他们用自己的智慧和勤劳创造了一个又一个的奇迹。

如今，中国电梯行业已经站在了新的历史起点上。面对未来，我们充满了信心和期待。我们相信，在政府、企业和社会各界的共同努力下，中国电梯行业一定能够继续保持稳健发展的势头，为全球电梯行业的发展贡献更多的力量和智慧。

我们也应该看到，中国电梯行业在发展过程中还存在一些问题和挑战。比如，一些企业在技术创新、产品质量、服务水平等方面还有待提升；一些地区的市场竞争还不够规范。这些问题需要引起我们的高度重视，并采取措施加以解决。总体来看，中国电梯行业从最初的进口和安装维护，到如今的自主研发和国际竞争，经历了漫长而曲折的发展历程。随着技术进步和市场需求的变化，中国电梯行业将继续朝着更高效、更安全、更环保的方向发展。

（二）电梯行业的现状

中国电梯行业近年来呈现出稳健的发展态势，市场规模持续扩大，同时在技术创新、绿色环保以及智能化等方面也取得了显著成果。作为全球电梯市场的重要参与者，中国电梯行业在全球市场中的地位不断提升，吸引了众多国际电梯企业的关注。

电梯作为现代建筑的重要组成部分，其安全性、舒适性和便捷性日益受到人们的关注。在此背景下，中国电梯行业不断加大技术研发力度，推动行业的技术进步。在节能、环保方面，中国电梯企业积极采用新技术、新材料，降低电梯的能耗和噪声，提高电梯的舒适性和环保性能。随着智能化、网络化技术的不断发展，中国电梯行业也在逐步实现智能化、网络化升级，为用户提供更加便捷、高效的服务。

中国电梯市场的竞争态势也日趋激烈。国内电梯企业数量众多，市场份额分散，但随着市场竞争的加剧，优胜劣汰的趋势日益明显。一些具有技术实力、品牌优势和市场竞争力的企业逐渐脱颖而出，成为行业的领军企业。国际电梯企业也纷纷进入中国市场，加剧了市场竞争。但这也为中国电梯行业带来了更多的机遇和挑战，推动了行业的不断发展和进步。

电梯行业的现状主要体现在以下几个方面：

1．市场规模与增长

近年来，随着城市化进程的加速、高层建筑及商业地产的蓬勃发展，全球电梯行业迎来了前所未有的增长机遇。据市场研究机构数据显示，全球电梯市场规模持续扩大，年均复合增长率保持在稳定水平，特别是在亚洲、北美和欧洲地区，市场需求尤为旺盛。中国作为全球最大的电梯市场，其市场规模占据全球市场的半壁江山，目前中国电梯保有量已突破1 000万台，预计电梯行业未来五年将维持双位数增长，存量市场更新替换需求将快速发展。预计到2027年，中国电梯行业市场规模有望达到7 000亿元，年均复合增长率约为6.7%，年新增电梯数量连续多年位居世界第一，展现出强劲的增长势头。

2．产业结构与分布

电梯行业产业结构逐渐优化，形成了以整机制造企业为核心，涵盖电梯设计、制造、安装、改造、维修保养及零部件供应的完整产业链。行业内企业众多，竞争激烈，但市场集中度逐渐提高，国际知名品牌如奥的斯、三菱、日立、通力等凭借技术实力、品牌影响力及完善的服务体系占据主导地位。同时，国内品牌如上海三菱、西子奥的斯、迅达中国等也凭借本土化优势，在市场中占据重要份额。产业分布上，电梯企业多集中在长三角、珠三角等经济发达地区，形成了若干产业集群。

3．技术发展趋势

电梯行业正朝着智能化、绿色化、高效化方向发展。智能电梯技术如物联网、大数据、云计算的应用，使得电梯运行更加安全、便捷、节能。远程监控、故障预警、智能调度等系统提高了电梯的管理效率和乘客体验。国内电梯制造企业在技术上取得了长足进步，产品不断升级。高速电梯、无机房电梯、触摸屏电梯等新技术不断涌现，提高了电梯的安全性、舒适性和节能性能。同时，节能减排成为行业共识，绿色电梯设计理念深入人心，采用高效能电机、变频控制、能量回馈等技术减少能耗。此外，超高速电梯、无机房电梯、家用电梯等新兴产品的研发，进一步丰富了市场产品线。智能高速电梯如图2-2所示。

图 2-2　智能高速电梯

4．市场需求分析

随着人口增长、城市化水平提高以及老旧电梯更新改造需求的增加，电梯市场需求持续增长。商业地产、公共交通设施、住宅楼宇、医院学校等各个领域对电梯的需求均有所上升。特别是在老旧小区改造、智慧城市建设中，电梯成为必不可少的配套设施。同时，消费者对电梯的安全性、舒适性、便捷性要求越来越高，推动了电梯产品的升级换代。

5．出口业务表现

中国电梯企业在国际市场上的竞争力不断增强，出口业务表现抢眼。凭借成本优势、技术提升和品牌影响力，中国电梯产品已远销全球多个国家和地区，特别是在东南亚、非洲、中东等新兴市场，中国电梯品牌的市场份额不断扩大。企业积极参与国际展会，加强与国际同行的交流合作，提升了中国电梯的国际知名度和竞争力。

6. 政策支持与标准

政府对电梯行业的支持力度不断加大，出台了一系列政策措施促进电梯行业的健康发展。包括加强电梯安全监管、推动老旧电梯更新改造、支持电梯技术创新和绿色发展等。同时，国家不断完善电梯相关标准体系，提高电梯产品质量和安全性能要求，为行业的规范化、标准化发展提供了有力保障。

7. 挑战与机遇

面对国内外经济形势的复杂多变和行业竞争的加剧，电梯行业也面临着诸多挑战，包括原材料价格波动、人工成本上升、技术迭代加速等。然而，这些挑战中也蕴含着巨大的发展机遇。随着城镇化进程的深入、老旧小区改造的推进以及消费者对高品质生活的追求，电梯市场需求将持续释放。同时，智能化、绿色化等新技术的应用将为电梯行业带来新的增长点。

8. 未来展望

展望未来，电梯行业将继续保持平稳增长态势。随着技术的不断进步和市场的不断拓展，电梯产品将更加智能化、绿色化、个性化。同时，企业间的竞争也将更加激烈，行业集中度有望进一步提高。在政策支持和市场需求的双重驱动下，电梯行业将迎来更加广阔的发展前景。企业应抓住机遇，加强技术创新和品牌建设，不断提升核心竞争力，以应对未来的市场挑战。

未来，电梯行业将呈现以下几个发展趋势：

（1）智能化发展

随着人工智能和物联网技术的发展，电梯将实现智能化运营。智能电梯将具备远程监控、自动故障检测、智能维保等功能，提高了电梯的运行效率，减少了故障发生的可能性。

（2）高速化发展

高速电梯将成为未来的发展趋势。随着超高层建筑数量的增加，人们对电梯速度的需求也在不断提高。高速电梯的出现将提供更快速、更方便的垂直交通服务。

（3）绿色化发展

电梯行业将注重环境保护和节能减排。新一代电梯将采用更先进的节能技术，如无机房电梯、再生制动技术等，降低了能耗，减少了对环境的影响。

（4）个性化发展

随着城市建设和消费水平的提高，人们对电梯的个性化需求也在增加。电梯制造商将注重产品的设计和定制化，满足不同用户的需求。

（5）服务化发展

电梯行业将从传统的产品销售转向服务为主导的模式发展。电梯制造商将加强与物业管理公司的合作，提供全方位的电梯运营和维修服务。

（6）国际化发展

中国电梯企业将加大对国际市场的开拓和布局。随着“一带一路”倡议的推进，中

学习笔记

国电梯制造商将积极参与境外市场的竞争，提升品牌影响力。

项目实施

（一）项目分组

根据班级实际情况，2人一组，分别担任电梯行业历史和现状讲解员和电梯工作人员，模拟电梯历史讲解过程。分组完成后，小组讨论制订组名、组言和小组LOGO，营造小组凝聚力和文化氛围，并确定任务分工，项目分组表见表2-1。

表2-1　项目分组表

组名	小组LOGO	组言	团队成员	学号	角色指派	职责
					电梯行业历史和现状讲解员	
					电梯工作人员	

（二）模拟演练

任务1：作为电梯工作人员，讲述电梯行业的历史。

任务2：作为电梯工作人员，讲述电梯行业的现状。

项目评价

完成项目后根据学生自评、小组互评和教师评价填写表2-2项目实施评价表。

学习笔记

表2-2　项目实施评价表

序号	评价内容	评分标准	配分	学生自评	小组互评	教师评价
1	电梯行业知识讲解	知识讲解是否全面，是否能够引起学生重视	20分			
2	操作示范	操作示范是否标准，是否能够正确引导学生	20分			
3	模拟演练	模拟演练是否贴近实际，是否能够提高学生的实际操作能力	30分			
4	安全意识	能否树立正确的安全意识	30分			
合计			100分			

能力测试

1. 判断题

（1）现阶段我国电梯保有量、年产量、年增长量均为世界第一。（　　）

（2）中国电梯行业的发展可以离开政府的大力支持和推动。（　　）

（3）产业分布上，电梯企业多集中在长三角、珠三角等经济发达地区，形成了若干产业集群。（　　）

（4）面对国内外经济形势的复杂多变和行业竞争的加剧，电梯行业面临着诸多挑战，包括原材料价格波动、人工成本上升、技术迭代加速等。（　　）

（5）2023年最新统计报告数据显示，中国电梯保有量已突破1 000万台（含家用电梯），同比增长了9.6%，市场规模约为5 089亿元。（　　）

2. 选择题

（1）中国电梯行业的发展历史可以追溯到（　　）年。

A. 1920　　B. 1900　　C. 1910　　D. 1930

（2）2023年最新统计报告数据显示，中国电梯保有量已突破（　　）万台。

A. 800　　B. 900　　C. 1 000　　D. 1 100

（3）预计到2027年，中国电梯行业市场规模有望达到（　　）亿元。

A. 6 000　　B. 7 000　　C. 8 000　　D. 9 000

（4）我国电梯行业正朝着（　　）、绿色化、高效化方向发展。

A. 数字化　　B. 智能化　　C. 低碳化　　D. 高速化

（5）（　　）电梯股份有限公司作为一家老牌民族电梯上市公司，在过去几十年的发展历程中，直面挑战并坚韧破局，成为民族品牌崛起的缩影。

A. 日立　　B. 快意　　C. 三菱　　D. 蒂森

项目2　电梯职业的未来发展与职业路径

电梯职业作为一个充满活力和发展机遇的领域，其就业前景广阔，未来发展潜力巨大。随着城市化进程的不断推进，电梯行业将持续保持高速发展，对于电梯专业的人才需求也将日益增长。因此，选择电梯职业不仅是迎合市场需求的选择，更是抓住时代机遇的体现。本项目从电梯职业的未来发展、电梯职业路径等方面进行学习，可以让学生

学习笔记

了解电梯行业的人才需求和电梯职业的就业前景，并对自己的职业生涯和职业规划有一个全面的认识。

项目目标

（一）知识与技能

1. 了解电梯职业的未来发展方向。
2. 认识电梯职业的职业路径。
3. 了解未来职业发展，提升电梯专业技能。

（二）过程与方法

1. 通过学习电梯职业的未来发展方向，能够在实践中更好地学习电梯专业知识。
2. 通过认识电梯的职业路径，能够更好地规划自己的职业生涯。

（三）情感态度与价值观

1. 通过了解电梯的未来发展方向，不断学习和进步，提升自己的能力和素质，实现个人成长。

2. 了解个人的优势和劣势，从而有针对性地提升自身的技能和知识，使自己在竞争中更具优势。

项目描述

本项目旨在使学生掌握电梯职业的未来发展方向以及明确电梯职业的职业路径，通过学习，可以制定出适合自己的学习计划和职业发展计划，不断提升自己的职业能力，从而在未来职场中获得更好的机会和待遇，有针对性地提升自己的技能和知识，使自己在竞争中更具优势。

（一）项目分析

认识电梯职业的未来发展以及电梯职业的职业路径对于我们的职业发展具有非常重要的意义，我们可以更好地了解自己、提高职业竞争力、管理时间和资源、应对职业风险和挑战。因此，我们应该重视职业路径规划，积极制定自己的职业生涯规划，为自己未来的职业发展打下坚实的基础。

（二）项目引导

引导问题1：电梯职业的未来发展方向是什么？

学习笔记

引导问题2：电梯职业的职业路径是怎样的？

引导问题3：我们应该怎样规划自己的职业生涯？

知识链接

（一）电梯职业的未来发展

1．电梯行业市场分析

随着我国经济持续快速增长、城市化快速推进、人民生活水平提高等因素的推动，我国电梯行业也呈快速发展态势。根据中国电梯协会的统计数据，2003年至2008年我国电梯产量保持年均23.86%的增长速度，2008年我国电梯产量达到24.5万台，将近全球电梯产量的一半，成为全球最大的电梯市场和制造中心，2016年我国电梯产量更是达到了90万台。中国的城市更新和基建工程建设日新月异，这助推了中国电梯制造业的快速发展。电梯保有量从2017年的425.96万台上升至2022年的964.46万台，年复合增长率为11.38%。中国电梯市场的需求主要来自于住宅、商业和公共建筑。随着城市化进程加速和房地产市场发展，电梯的需求将继续保持增长态势，现阶段我国电梯保有量、年产量、年增长量均位居世界第一而电梯是一项终身维保工程，随着国内电梯保有量急速增加，电梯专业维保人才格外紧缺，电梯产量和保有量的不断提升，使我国电梯行业的市场规模不断扩大。同时，由于电梯行业竞争激烈，未来虽然电梯产量仍保持较快增长，其销售收入增速将会放缓，但市场规模会进一步扩大，预计电梯行业未来几年将维持双位数增长，存量市场更新替换需求将快速发展。

2．人才需求分析

要保障电梯安全运行，单靠产品生产环节的把控远远不够，只有在电梯安装、后期维保环节都严格把控，才足以保证电梯运行安全。因此，电梯工作人员需要有精雕细琢、精益求精的精神理念，工匠精神应该是电梯工作人员的职业追求。同时，2021年3月，《中华人民共和国国民经济和社会发展第十四个五年规划纲要》颁布实施，明确深入实施以提高制造业创新能力和基础能力为重点，推进信息技术与制造技术深度融合，促进制造业朝高端、智能、绿色、服务方向发展，培育制造业竞争新优势，要求全面提升工业基础能力，加快发展新型制造业，推动传统产业改造升级，加强质量品牌建设。因此，制造业的提升加强了电梯人才需求的提升。

学习笔记

3. 就业前景分析

目前我国的电梯在用总量超过1 000万台，保有量、年产量都是世界第一，各级政府也在出台电梯行业的扶持政策，给电梯行业的发展提供了很好的机会，现在电梯行业是市场服务型，对技能人才需求量急剧增长，特别是高端人才的需求越来越大。而且，根据有关国家标准，对电梯的安全运行作了相关的严格规定，每台登记的电梯都要配备相应的维修保养人员，人才缺口预计超过60万，维保人员和高端人才紧缺，就业前景广阔。对于即将走入这一行业的年轻人来说，不仅需要具备扎实的专业知识和技能，更需要保持学习的热情和开拓创新的精神，与时俱进，不断提升自身的竞争力。相信在未来的电梯行业中，电梯专业的毕业生将能够展现出自己的价值，为行业的发展和城市的建设做出积极的贡献。

综上分析，电梯职业的未来发展主要有以下几个方向：

（1）电梯设计与制造

电梯安装与维修保养专业毕业生可以从事电梯设计、结构分析、动力系统设计等工作，参与电梯产品的研发和制造。随着电梯行业的发展，对于设计制造方面的人才需求也在逐渐增加。

（2）电梯安装与调试

电梯安装与维修保养专业毕业生可以从事电梯安装、调试和验收工作，确保电梯设备的安全运行。随着新建楼宇的增加，对于电梯安装调试人员的需求也在逐渐增长。

（3）电梯维护与保养

电梯的维护保养对于延长电梯使用寿命和确保安全性至关重要。电梯安装与维修保养专业毕业生可从事电梯维护、故障排除、检修等工作，这方面的需求也在稳步增加。

（4）电梯管理与运营

随着电梯互联网化和智能化的发展，电梯管理和运营也面临着新的挑战和机遇。电梯安装与维修保养专业毕业生可以在电梯管理公司、物业管理部门等单位从事电梯管理和运营工作，这方面的人才需求也在逐渐增加。

（5）电梯销售和服务

电梯安装与维修保养专业毕业生可以从事电梯产品销售业务、安装业务的接洽，根据公司相关管理规定进行项目预报和跟踪管理；项目招投标工作，包括标书的制作、投标，合同签订、履约跟踪等；产品售前服务，为顾客提供售前技术咨询，并向顾客提供产品信息等。

（二）电梯职业的职业路径

1. 职业背景

电梯职业是一个与电梯设计与制造、销售、安装、维护以及故障排除相关的行业。在现代社会中，电梯已经成为人们日常生活中不可或缺的交通工具，因此电梯专业人才的需求日益增加。

2. 职业特点

电梯职业的职业特点包括：

学习笔记

① 技术性强：需要掌握电梯的原理、安装、维护等技术知识。

② 高风险性：需要面对各种电梯故障及突发事件，需要保持冷静和应对能力。

③ 便捷性：电梯专业人员需要随时处理各类电梯问题，因此工作地点广泛，工作时间相对灵活。

3. 职业发展路径

电梯职业的职业发展路径如图2-3所示，可以分为以下几个阶段：

（1）学历阶段

中职/大专：可以选择相关专业如电梯工程技术、电梯安装与维修保养等专业进行学习，掌握基础的电梯技术知识。

本科：可以选择电气工程、机械工程等相关专业进行深入学习，获得更加全面的电梯专业知识。

（2）初级阶段

学徒工：作为电梯安装、维护公司的学徒工，跟随资深技师学习基础的电梯操作和日常维护工作。

实习生：在电梯安装、维护公司实习，担任助理角色，通过实践积累经验。

（3）中级阶段

技术工：凭借在初级阶段的积累和个人不断学习，逐渐掌握电梯操作、维护和故障排除等技术能力。

维护工程师：在技术工的基础上，进一步提升技术水平，担任电梯维护、管理等职位。

（4）高级阶段

技术经理：在中级阶段的基础上，具备更广泛的技术知识和管理能力，负责团队的技术指导与管理。

项目经理：负责电梯安装、维护项目的计划、协调和管理。

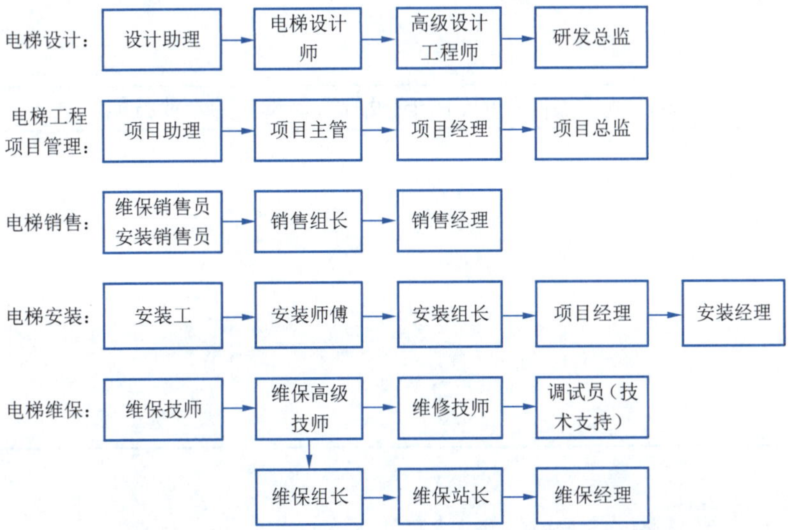

图 2-3　电梯职业发展路径

学习笔记

项目实施

（一）项目分组

根据班级实际情况，5人一组，完成一份电梯行业职业生涯的规划，5人分别负责制定自我评估、职业目标设定、职业技能提升和培训、应对行业变化与技术更新、团队协作与沟通等5个步骤。通过上述步骤，小组成员可以系统地规划自己的职业生涯，不断提升个人能力和专业素质，实现职业目标。分组完成后，小组讨论制订组名、组言和小组LOGO，营造小组凝聚力和文化氛围，并确定任务分工，项目分组表见表2-3。

表2-3　项目分组表

组名	小组LOGO	组言	团队成员	学号	任务	职责
					自我评估	
					职业目标设定	
					职业技能提升和培训	
					应对行业变化与技术更新	
					团队协作与沟通	

（二）模拟演练

任务1：制定一份电梯职业的职业生涯规划。

任务2：讨论电梯职业发展路径的四个阶段所需要掌握的专业技能。

项目评价

完成项目后根据学生自评、小组互评和教师评价填写表2-4项目实施评价表。

学习笔记

表2-4 项目实施评价表

序号	评价内容	评分标准	配分	学生自评	小组互评	教师评价
1	制定电梯未来发展规划	制定是否全面，是否能够引起学生重视	20分			
2	操作示范	操作示范是否标准，是否能够正确引导学生	20分			
3	模拟演练	模拟演练是否贴近实际，是否能够提高学生的实际操作能力	30分			
4	安全意识	学生是否能够树立正确的安全意识	30分			
合计			100分			

能力测试

1. 判断题

（1）我国电梯保有量从 2017 年的 425.96 万台上升至 2022 年的 964.46 万台左右，年复合增长率为 11.38%。 （ ）

（2）电梯工作人员需要有精雕细琢、精益求精的精神理念，工匠精神应该是电梯工作人员的职业追求。 （ ）

（3）电梯职业是一个与电梯设计与制造、销售、安装、维护以及故障排除相关的行业。 （ ）

（4）电梯职业路径的初级阶段就能熟练掌握电梯操作、维护和故障排除等技术能力。 （ ）

（5）电梯的维护保养对于延长电梯使用寿命和确保安全性至关重要。 （ ）

2. 选择题

（1）我国电梯保有量每年还在以（ ）左右的速度增长。

A. 10%　　B. 20%　　C. 30%　　D. 40%

（2）（ ），《中华人民共和国国民经济和社会发展第十四个五年规划纲要》颁布实施，明确深入实施以提高制造业创新能力和基础能力为重点，推进信息技术与制造技术深度融合。

A. 2020 年 1 月　　B. 2022 年 4 月

C. 2021 年 3 月　　D. 2023 年 5 月

（3）根据有关国家标准，对电梯的安全运行作了相关的严格规定，每台登记的电梯都要配备相应的维修保养人员，现阶段电梯人才缺口预计超过（ ）万，维保人员和高端人才紧缺，就业前景广阔。

A. 50　　B. 60　　C. 70　　D. 100

（4）电梯专业的职业特点不包括（ ）。

A. 技术性强　　B. 高风险性　　C. 工作强度高　　D. 便捷性

（5）以下不属于电梯职业的未来发展方向的是（ ）。

A. 电梯设计与制造　　B. 小区物业管理

C. 电梯安装与调试　　D. 电梯维护与保养

学习笔记

项目3 电梯职业的技能要求与培训

电梯职业是一项技术性强、有一定风险性的特种作业，电梯工作人员不仅需要通过专业培训获得相应的特种作业证，而且还需要具备全面的专业技能和较强的安全意识。随着科技的发展和社会对电梯安全性要求的提高，电梯工作人员的培训和技能提升将更加重要，只有不断提高专业技能和安全意识，才能确保电梯安装的质量，保障电梯的安全运行。

项目目标

（一）知识与技能

1. 了解电梯职业需要掌握的专业技能。
2. 掌握电梯职业的相关培训要求。
3. 通过培训更好地提高电梯专业技能。

（二）过程与方法

1. 通过学习电梯职业的技能要求，能够在实践中更有针对性地学习电梯专业知识。
2. 通过学习电梯职业的培训要求，能够反思学习过程，提高实际操作能力和安全意识。

（三）情感态度与价值观

1. 通过学习，深刻认识掌握电梯专业技能的重要性。
2. 积极参加电梯职业的培训，培养职业道德、团队意识以及互助精神。

项目描述

本项目旨在让学生掌握电梯职业的技能要求以及培训要求，以确保电梯专业的学生毕业后能拥有扎实的专业技能。对于即将走入这一行业的年轻人来说，不仅需要具备扎实的专业知识和技能，更需要保持学习的热情和开拓创新的精神，与时俱进，不断提升自身的竞争力。在未来的电梯行业中，电梯专业的毕业生将能够展现出自己的价值，为行业的发展和城市的建设做出积极的贡献。

（一）项目分析

电梯职业作为一个充满活力和发展机遇的领域，其就业前景广阔，未来发展潜力巨大。随着城市化进程的不断推进，电梯行业将持续保持高速发展，对于电梯专业的人才需求也将日益增长，对于电梯从业人员的专业技能要求也更严格，电梯从业人员作为电梯系统的专业技术人员，承担着保障电梯安全和顺畅运行的重要责任，所以掌握电梯职业技能要求并认真学习好电梯的专业知识，显得尤为重要。

学习笔记

（二）项目引导

引导问题1：电梯职业的相关技能要求是什么？

引导问题2：电梯职业需要接受什么培训和考取什么证书？

引导问题3：在专业学习中如何提高自己的专业技能？

知识链接

（一）电梯职业的技能要求

电梯职业需要掌握本专业必备的基础知识与技能，具备电梯安装、维保、调试、电梯工程项目管理等专业知识和核心职业技能，并要求具备行业职业资格，有一定的专业拓展和创新能力、良好职业道德、人文素养、团队精神，能从事现代化电梯安装、检修、运行维护及施工现场管理。并具备以下几方面的职业技能。

1．熟悉电梯系统的结构和原理

电梯职业工作人员首先需要深入了解电梯系统的原理和结构。他们需要熟悉电梯的各个部件，包括电动机、控制系统、门系统、安全装置等。了解电梯系统的工作原理和相互关系，能够快速准确地判断故障原因，并采取相应的修复措施。

2．故障排除和维修技能

电梯职业工作人员需要具备故障排除和维修技能，他们需要能够通过观察、检测和测试，确定电梯故障的具体原因。这包括使用测试仪器和工具，检查电梯系统的电气连接、传感器的工作状态、控制系统的程序等。一旦确定故障原因，电梯维修人员需要采取适当的维修措施，修复电梯系统的故障，确保其正常运行。

学习笔记

3．安全知识和操作规程

电梯职业工作人员必须具备丰富的安全知识，并严格遵守相关的操作规程。他们需要了解电梯的安全标准和规定，熟悉电梯事故的防范和处理方法。在维修和保养电梯时，他们需要采取必要的安全措施，如戴好个人防护装备、断开电源、遵循操作程序等，确保自身和他人的安全。

4．维护和保养技能

电梯职业工作人员还需要具备维护和保养技能，以确保电梯系统的长期可靠运行。他们需要进行定期的维护和保养工作，包括清洁电梯部件、润滑运动部件、调整门系统等。通过定期维护，可以预防故障的发生，延长电梯的使用寿命。

5．沟通和团队合作能力

作为电梯职业工作人员，良好的沟通和团队合作能力也是必不可少的。他们需要与其他维修人员、管理人员和用户进行有效的沟通，了解电梯的使用情况和维修需求。在团队合作中，他们需要与其他维修人员密切配合，共同解决电梯故障和维护问题。

电梯职业工作人员的岗位要求见表2-5。

表2-5　电梯职业工作人员的岗位要求

工作岗位	岗位描述	职业技能要求
电梯设计人员	1．从事各种电梯的整体设计工作，包括类型标准、自动化控制、机械工艺等； 2．指导产品的生产安装； 3．从事产品研发、技术支持工作； 4．参与产品标准文件的建立	1．熟悉电梯整体结构，擅长整梯设计与优化配置； 2．能够对电梯机械部件进行优化设计； 3．熟练使用CAD和Office软件； 4．具备设计方案理解能力
电梯工程项目管理人员	1．独立负责电梯工程的协调，监督及回款工作； 2．落实实施各项目施工计划； 3．协调各方面资源以推进项目进度； 4．协调项目组成员的配合工作，以保质保量地完成既定目标	1．熟练使用CAD编辑土建图纸； 2．具备设计方案理解能力； 3．具备良好的计划、沟通、组织协调及应变能力； 4．具有一定的项目管理知识
电梯销售人员	1．熟悉国家相关的电梯法律法规； 2．了解相关电梯专业知识； 3．了解电梯市场行情	1．项目合同的售前服务、技术咨询把关、价格审定、支付条件的审定报批等相关业务； 2．合同的售后服务、跟踪、合同款结算、生产工程进度跟踪配合； 3．与营销有关的业务，相关部门及人员的公关服务； 4．掌握娴熟的商务谈判技巧与方法； 5．处理图纸，独立完成合同
电梯安装人员	1．在公司领导的领导下，认真做好电梯安装的有关工作； 2．坚守岗位，认证履行岗位职责，熟练掌握操作规程，严格按国家《特种设备安全检查条例》的规定及《电梯安全使用管理制度》按规操作，确保电梯安全良好运行； 3．负责电梯维护保养工作的计划拟定，始终保持电梯运行状态良好，及时排除一切故障； 4．认真推行电梯安全运行、维护保养、事故处理记录，定期向监管机构申请检验； 5．持证上岗，挂牌服务，衣着整洁，礼貌待人	1．熟悉高空作业、防火、电焊、气焊、现场触电急救等安全知识；掌握电工、钳工、起重工等理论知识和实际操作技术； 2．熟悉电梯的机械构造、性能要求，以及电梯安装工艺的要求；懂得电气原理图，并能排除机械和电气两方面的常见故障； 3．经地市级质量技术监督局认定的考核部门考核合格，持有上岗资格证后，方能上岗

续表

工作岗位	岗位描述	职业技能要求
电梯维保人员	1．严格遵守公司的各项规章制度； 2．认真领会并执行公司的质量方针及质量目标，工作中维护公司的利益和信誉； 3．负责执行电梯保养合同所规定的各项条款； 4．代表公司与客户处理电梯保养、维修施工中出现的各种问题； 5．重大问题逐级汇报，认真及时填写对内对外的各种备忘录，实事求是的填写保养、急修等各项报表； 6．负责根据备件消耗情况申报电梯备件需要计划； 7．负责客户单位按时巡视，发现问题及时通知有关人员处理； 8．严格执行公司制定的电梯保养技术规范及工艺要求； 9．保养工作中严禁违章操作，严格执行电梯安全规范	1．持电梯操作证，拥有扎实的电梯专业知识，了解电梯保养的相关技术； 2．工作主动性强，有工作热情； 3．高度的敬业精神、服务意识和责任感； 4．良好的团队协作精神，服从上级安排，愿意不断学习新技术； 5．能够按时完成工作职责中要求的工作任务，无缺岗现象

（二）电梯职业的培训

在多数国家和地区，电梯职业属于特种作业范畴。特种作业是指具有特殊危险性的作业，包括电梯安装、维修、保养等，从业人员通常需要经过专门的培训并获得特种作业操作证，即特种作业证。这一规定的主要目的是确保作业人员的安全以及作业质量。电梯从业人员需要通过专业培训，并取得以下证件：

1．特种设备作业人员证

特种设备作业人员证如图2-4所示。这是证明电梯从业人员已具备相关作业技能和安全知识的官方证书。通常，获得此证书之前，从业人员必须通过专业的培训课程和考核。

图 2-4　特种设备作业人员证

2．安全生产教育培训证书

安全生产教育是特种作业人员必须接受的基础培训，目的是确保作业人员了解基本的安全生产知识和法规。

学习笔记

3. 职业健康检查证明

电梯安装工作环境可能存在一定的危险，因此作业人员还需定期进行职业健康检查，以证明其身体条件符合作业要求。

4. 核心资格证书

电梯职业工作人员核心资格证书见表2-6。

表2-6　电梯职业工作人员核心资格证书

序号	职业资格证书名称	颁证单位	等级
1	电梯修理证（俗称“上岗证”）	地级市市场监管局	—
2	电梯安装维修工职业技能等级证书	地级市技能认定中心或授权资质单位	中级
3	低压电工操作证	地级市应急管理局	—
4	全国计算机等级证书	教育部考试中心	一级
5	1+X职业技能等级证书（电梯维修保养）	杭州西奥有限公司	初级
6	机械（钳工）和电工专业技能课程证书	广东省教育考试院	E级及以上

项目实施

（一）项目分组

根据班级实际情况，5人一组，5人分别担任电梯设计人员、电梯工程项目管理人员、电梯销售人员、电梯安装人员和电梯维保人员，模拟真实工作中各工作人员的职业技能要求。分组完成后，小组讨论制订组名、组言和小组LOGO，营造小组凝聚力和文化氛围，并确定任务分工，项目分组表见表2-7。

表2-7　项目分组表

组名	小组LOGO	组言	团队成员	学号	角色指派	职责
					电梯设计人员	
					电梯工程项目管理人员	
					电梯销售人员	
					电梯安装人员	
					电梯维保人员	

（二）模拟演练

任务1：模拟真实工作中各工作人员的职业技能要求。

任务2：进行实际操作演练，检验学习效果。

项目评价

完成项目后根据学生自评、小组互评和教师评价填写表2-8项目实施评价表。

表2-8　项目实施评价表

序号	评价内容	评分标准	配分	学生自评	小组互评	教师评价
1	模拟真实工作中各工作人员的职业技能要求	模拟职业技能要求是否全面，是否能够引起学生重视	20分			
2	操作示范	操作示范是否标准，是否能够正确引导学生	20分			
3	模拟演练	模拟演练是否贴近实际，是否能够提高学生的实际操作能力	30分			
4	安全意识	学生是否能够树立正确的安全意识	30分			
合计			100分			

注：违反安全操作规程，造成安全事故，本项目不得分。

能力测试

1. 判断题

（1）电梯作业人员，作业时不用随身携带证件，自觉接受质量技术监督部门的监督检查。（　　）

（2）电梯维修人员，必须经专业技术培训和考核，取得特种设备的作业人员资格证书后，方可从事相应工作。（　　）

（3）《特种设备安全法》规定：特种设备安全管理人员、检测人员和作业人员应当严格执行安全技术规范和管理制度，保证特种设备安全。（　　）

（4）申请复审时，持证人员不需要提交《特种设备作业人员证》原件。（　　）

（5）《特种设备作业人员证》复审合格的，由发证部门在证书正本上盖章。（　　）

2. 选择题

（1）《特种设备安全法》规定：特种设备使用单位应当建立（　　）等安全管理制度，制定操作规程，保证特种设备安全运行。

A. 财务管理　　B. 岗位责任　　C. 治安治理　　D. 经济运行

学习笔记

（2）《特种设备作业人员证》有效期为（　　）年。

A. 1　　B. 2　　C. 3　　D. 4

（3）持证作业人员，发现事故隐患或者其他不安全因素未立即报告，造成特大事故的，吊销《特种设备作业人员证》，持证人（　　）年内不得再申请。

A. 5　　B. 3　　C. 4　　D. 终生

（4）因违章操作，造成较大以下特种设备事故的，按《特种设备作业人员监督管理办法》规定给予（　　）处罚。

A. 吊销作业证　　B. 5 年不得申领作业证

C. 罚 1 000 元　　D. 终身不得申领作业证

（5）（　　）不在使用单位的特种设备安全技术档案范围。

A. 定期检查记录　　B. 作业人员资格证书

C. 日常使用状况记录　　D. 运行故障和事故记录

拓展阅读

责任无比重大，使命无上光荣

电梯行业的每一位从业者的责任都无比重大，使命无上光荣，都应正确规划电梯职业生涯，努力提升电梯专业技能，确保电梯的安全运行。

电梯行业的历史与现状、电梯职业的未来发展与职业路径、电梯职业的技能要求与培训不仅是对中职学生职业生涯的一项基本技能要求，更是体现了对人民生命安全高度负责的态度。

在实际工作中，新时代青年的理想就是努力实现中华民族伟大复兴的中国梦，大家既是追梦者，也是圆梦人，要把小梦融入大梦，从做好每一件小事、完成每一项任务、履行每一项职责做起，一步一个脚印，踏踏实实向前走，不断提高电梯专业技能和安全意识，确保电梯安装的质量，保障电梯的安全运行，为社会的发展做出应有的贡献。

模块三

电梯安全认知

电梯作为现代城市建筑中不可或缺的垂直交通工具，其安全运行直接关系到人们的生命财产安全。对于中职学生来说，了解和掌握电梯安全知识是职业生涯中的一项基本技能。以下从电梯乘坐安全、电梯运行安全、电梯作业安全三个方面进行学习，将建立起学生对电梯安全的基本认知，为今后的专业学习和职业生涯打下坚实的基础。

学习笔记

项目1 电梯乘坐安全

电梯作为现代建筑中不可或缺的垂直交通工具，其安全运行直接关系到人们的生命财产安全。本项目从电梯乘坐的基本安全知识、电梯乘坐的安全操作规程、电梯事故的常见原因及预防措施等方面对电梯乘坐安全进行学习，从而有效地降低电梯事故的发生率，保障人们的生命财产安全。同时，也提醒大家在使用电梯时保持警觉和谨慎，共同营造一个安全、和谐的乘坐环境。

视频

电梯乘坐安全

项目目标

（一）知识与技能

1. 理解电梯乘坐的基本安全知识。
2. 掌握电梯乘坐的安全操作规程。
3. 能够在乘坐电梯时正确使用电梯，确保自身和他人的安全。

（二）过程与方法

1. 通过模拟真实电梯乘坐安全教育过程，能够在实践中学习电梯安全知识。
2. 在紧急情况下能够进行有效的自救和互救，将所学知识应用到实际情况中。
3. 通过案例分析和模拟演练，能够反思学习过程，提高实际操作能力和安全意识。

（三）情感态度与价值观

1. 通过学习，理解电梯安全的重要性。
2. 通过参与模拟演练和案例分析，提高自我保护能力和团队协作能力。
3. 将安全意识内化于心，外化于行，形成全面的学习和工作能力，为未来的职业生

学习笔记

涯做好准备。

项目描述

本项目旨在让学生掌握电梯安全乘坐的基本规则，以确保乘客在乘坐电梯时的安全与舒适。当乘坐电梯时（见图3-1），如何做好进入电梯前的准备，乘坐电梯时的注意事项，遇到紧急情况时的应对措施以及特殊情况的注意事项，通过掌握这些电梯安全乘坐的基本规则，我们可以更好地保障自己在乘坐电梯时的安全。同时，也要提醒身边的人注意电梯安全，共同营造一个安全、舒适的乘梯环境。

图 3-1　乘客安全乘梯

（一）项目分析

电梯乘坐安全涉及多个方面。进入电梯前的准备，包括学会观察电梯状态、等待电梯；乘坐电梯时的注意事项，包括保持稳定、注意安全提示、文明乘梯、注意随身携带物品；遇到紧急情况时的应对措施，包括保持冷静，按下紧急按钮，等待救援；特殊情况的注意事项，包括电梯超载、火灾、地震等紧急情况处理。通过对电梯乘坐安全的深入分析，可以更好地理解其重要性和操作要点。

（二）项目引导

引导问题1：电梯乘坐安全的重要性是什么？

学习笔记

引导问题2：在电梯乘坐过程中，哪些行为是正确的，哪些是错误的？

引导问题3：遇到电梯故障或紧急情况时，应该如何正确应对？

知识链接

（一）进入电梯前的准备

了解电梯的基本结构和工作原理是确保安全乘坐电梯的重要前提，以下对电梯运行的工作原理、电梯基本符号的含义进行详细解析。

1. 了解电梯运行的工作原理

电梯运行的工作原理可以分为三个主要步骤：召唤、运行和停靠。

召唤：当乘客按下楼层按钮时，电梯控制器会接收到信号，并根据当前电梯的位置和运行状态选择最佳路线。

运行：电梯控制器通过电动机驱动曳引系统，使轿厢沿着导轨上升或下降。在此过程中，传感器实时监测轿厢的位置和速度，确保其平稳运行。

停靠：当到达目标楼层时，电梯控制系统会发出指令使电梯停止，并打开相应的层门和轿门，让乘客上下。

2. 电梯基本符号的含义

电梯内呼、外呼面板如图3-2所示。在候梯厅，上楼按上行按钮“↑”，下楼按下行按钮“↓”，按钮灯亮表示呼叫已被登记；向上的箭头符号“△”通常表示上升或向上移动；数字“9”代表某个功能区或者楼层号。

学习笔记

图 3-2　电梯内呼、外呼面板

（二）紧急情况时的应对措施

1．乘坐直梯

（1）保持冷静

遇到紧急情况时，首先要保持冷静，不要慌张。慌乱可能会导致错误的行动，如大叫、跺脚或跑来跑去，这些行为可能会影响电梯的平衡，甚至导致电梯突然下滑。

（2）深呼吸和放松

可以尝试进行深呼吸，慢慢放松身体。这有助于缓解紧张情绪，保持冷静。

（3）避免盲目自救

不要盲目尝试扒门或自行离开电梯，这些行为可能会导致更严重的后果。应等待救援人员的到来。

（4）使用电梯内的对讲系统

电梯内通常配备有紧急报警装置，如对讲系统。当电梯出现困人故障时，被困人员可以简单迅速地使用该装置与外界取得联系。启动对讲系统后，被困乘客不必再做其他操作，系统会自动与救援服务保持联系。如果电梯轿厢内有病人或其他危急情况，应当告知救援人员。

（5）使用手机呼救

如果电梯内有信号，首先拨打电梯内的联系电话，如果联系电话没有接通，拨打全国统一求救电话96333。如果电梯内没有信号或对讲系统无法使用，可以通过紧急呼叫快速拨打112、110、119。在中国，只要手机接入蜂窝网络，不管号码是否欠费、手机是否解锁，甚至在没有插入SIM卡的情况下，都可以拨打紧急呼叫电话。

学习笔记

（6）保持安全距离并听从指挥

在使用对讲系统或手机呼救时，乘客应与电梯轿厢门或已开启的轿厢门保持一定距离，听从管理人员的指挥。

2．乘坐扶梯

（1）保持冷静

① 正视情绪。当压力来临时，不要回避自己的情绪，而是正视它们。认识到自己的感受，接受它们的存在，这是保持冷静的第一步。

② 深呼吸。人在沮丧时通常会屏住呼吸或呼吸急促，这么做极不利于情绪的发泄。深长且慢的腹式呼吸能让更多的新鲜空气进入身体，给大脑和心脏输送氧气，起到缓解情绪的作用。

（2）按下紧急按钮

乘坐扶梯过程中，如果看到红色紧急按钮，马上按下，电梯就会停止运行。扶梯紧急按钮如图3-3所示。

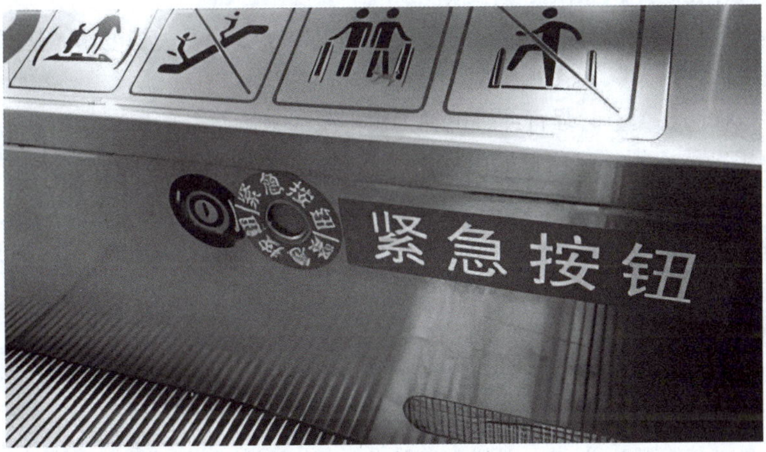

图 3-3　扶梯紧急按钮

（3）等待救援

在等待救援的过程中，尽量避免慌乱和无序的行动。保持安静并遵循现场工作人员或应急指挥人员的指示。同时，确保自己和他人的安全，避免不必要的危险行为。

（三）特殊情况的注意事项

1．电梯超载

（1）立即停梯

当发现电梯超载时，应立即停止电梯运行，并通过调节超载开关位置来恢复到符合要求的状态。

（2）减轻载重

如果电梯已经超载，需尽快将乘客疏散并减轻轿厢内的重量，直至符合额定载重量后方可继续运行。

2．火灾

在火灾发生时，电梯的使用应严格禁止，因为电梯容易断电并可能成为“烟囱效应”

学习笔记

的通道，导致浓烟和毒气涌入。因此，以下措施是必要的：不要乘坐电梯逃生，一旦发生火灾，应改用消防通道或楼梯进行疏散；切断电源，如果井道或轿厢内发生火灾，应立即停梯并切断电源，使用灭火器进行初期灭火；报警并撤离，乘客应立即将电梯停靠在就近平层并迅速撤离轿厢，并向应急部门报警。

3．地震

地震发生时，应立即停止电梯运行，将电梯停靠在就近平层并迅速撤离轿厢。避免乘坐电梯，地震期间切勿乘坐电梯，因为电梯可能会停电或陷入故障，增加被困风险。如果被困在电梯中，应利用轿内警铃或通信装置向外求救，等待专业人员解困，切勿自行扒门脱离。

（四）正确乘梯的安全操作及示范

1．电梯乘坐安全讲解

在乘坐电梯之前，首先要查看电梯是否有有效的安全检验合格标志。如果电梯超过检验有效期或存在故障，存在安全隐患，不应继续使用。

电梯不能超载运行，当电梯报警时，应主动退出，等待下一趟电梯。超载不仅危险，还可能导致电梯“困人”等意外事故。

不要在电梯门快关上时强行冲进电梯，也不要一只脚在外停留，这样容易受到伤害。同时，不要用身体或物体阻挡电梯门的关闭，以免造成电梯安全保护装置误动作而夹伤身体。

候梯时，不要倚靠电梯门，避免因电梯突然启动而摔倒。进入电梯后，保持平稳站立，尽量靠近电梯壁面，避免在电梯运行过程中打闹、蹦跳。

进出电梯时，要注意脚下，确保踩在平稳的地面上，避免绊倒或滑倒。

在电梯内不要抽烟、丢弃烟头或使用明火，以防火灾的发生。同时，不要在电梯内进行踢蹬或其他危险行为。

电梯门打开后，乘客应观察电梯轿厢的位置，确保轿厢与楼层地面齐平。如果发现轿厢高于或低于楼层地面，应避免进入并立即报告给相关管理部门。

如果被困在电梯内，可以利用内置警铃或对讲系统呼叫救援，并保持冷静，等待专业人员前来救援。

2．操作示范

（1）进行电梯乘坐的正确操作示范

选择电梯：在楼道或大厅找到电梯口，一般在楼梯口附近或大厅一侧。根据要去的楼层号选择相应的电梯。如果有多部电梯，可以根据门眉上的楼层号选择。

呼叫电梯：到达电梯入口后，根据需要上楼还是下楼，按相应的“向上”或“向下”按钮。按钮灯亮即可，切勿重复多次按键。确认电梯能够使用，火灾、地震、风灾、停电、维修时不能乘坐电梯。

进入电梯：在进入电梯时，应检查电梯门是否完全打开，确保无障碍后方可进入。注意头部和身体其他部位不要超出电梯门边缘。进入电梯时，先让下行电梯的人下，再让上行电梯的人上，以免发生拥挤和危险情况。

站立和扶手：进入电梯后，站在电梯中间，避免靠近门口以防在紧急情况下被夹伤。

学习笔记

如果电梯内配有扶手，应抓紧扶手以确保安全。避免在电梯内走动或跳跃，保持平稳站立，尽量靠近电梯壁面。

到达目的地：轿厢到站时，应看方向指示灯，确定是否是自己要去的方向；轿厢到位，方可进入电梯。出电梯时，应先让里面的人出来，自己再进去，避免拥挤碰撞。

离开电梯：离开电梯时，注意脚下，确保踩在平稳的地面上，避免绊倒或滑倒。退出电梯时，按顺序退出轿厢，直到报警解除为止。

（2）演示紧急情况下的自救和互救方法

自救方法：首先，当发现电梯出现故障或下坠时，最重要的是保持冷静，避免恐慌加剧情况。观察电梯内是否有紧急操作指示，如紧急报警按钮、对讲机等设备，并利用这些设备求救。如果遇到电梯下坠或冲顶的情况，应迅速将每一层楼的按键全部按下，这样可以启动紧急电源，使电梯尽快停止下坠或冲顶。一只手紧握手把，防止摔倒，整个背部与头部紧贴不靠门的内墙，呈一直线，膝盖弯曲以减少冲击力。在有可能的情况下，尽量退到电梯角落，背部、手臂紧靠墙壁，保持屈膝姿势。当情况稳定后，立即拨打119、120或维保人员电话，等待专业救援。

互救方法：当多人被困时，互相安抚情绪，避免因恐慌而导致不必要的伤害。分配任务，比如一人负责按紧急按钮和报警，另一人负责观察电梯外的情况并尝试联系物业或消防部门。利用电梯内的紧急报警按钮、对讲机等设备进行求救，并告知外面的人具体位置和情况。不要试图扒门、踢踹或强行打开电梯门，这些行为会增加受伤的风险。注意倾听外面的声音和动静，判断是否有救援人员接近，并做好相应的准备。

通过以上步骤，可以在紧急情况下有效地进行自救和互救，最大限度地保障自身和他人的安全。

项目实施

（一）项目分组

根据班级实际情况，4人一组，小组成员分别担任电梯工作人员、电梯设备公司人员、物业管理人员和乘客角色，模拟真实电梯乘坐安全教育过程。分组完成后，小组讨论制订组名、组言和小组LOGO，营造小组凝聚力和文化氛围，并确定任务分工，项目分组表见表3-1。

表3-1　项目分组表

组名	小组LOGO	组言	团队成员	学号	角色指派	职责
					电梯工作人员	
					电梯设备公司人员	
					物业管理人员	
					乘客	

学习笔记

（二）分组实施

任务1：模拟电梯乘坐过程中的常见问题和紧急情况。

任务2：进行实际操作演练，检验学习效果。

（三）案例分析

2024年6月某市一个24岁的女孩，在某酒店乘坐电梯时，在电梯突然停止运行。她紧急拨打了求救电话，在轿厢里面等待了40 min还没有人进行救援，随后竟然强行扒开电梯门，结果跌落到10多米深的电梯井内，当场死亡。

分析事故发生原因：

电梯工作人员原因：____________________

____

电梯设备公司原因：____________________

____

物业管理原因：____________________

____

乘客原因：____________________

____

预防措施：____________________

____

学习笔记

项目评价

完成项目后根据学生自评、小组互评和教师评价填写表3-2项目实施评价表。

表3-2　项目实施评价表

序号	评价内容	评分标准	配分	学生自评	小组互评	教师评价
1	安全知识讲解	知识讲解是否全面，是否能够引起学生重视	20分			
2	操作示范	操作示范是否标准，是否能够正确引导学生	20分			
3	模拟演练	模拟演练是否贴近实际，是否能够提高学生的实际操作能力	30分			
4	安全意识	学生是否能够树立正确的安全意识	30分			
合计			100分			

注：违反安全操作规程，造成安全事故，本项目不得分。

能力测试

1．判断题

（1）自动扶梯运动件的所有间隙都可能给乘客带来危险。（　　）

（2）电梯处于自动挡位，由乘客操作的运行，称为自动运行。（　　）

（3）电梯处于司机挡位，由乘客操作的运行，称为自动运行。（　　）

（4）“多组群控”是将更多（甚至超过百台）的梯群，分成若干组，按设定的程序，采集所有乘客的指令信号，自动统筹、优选路径，进行分派应答。乘客只需在大厅按一个键，便可获得引导并乘坐。（　　）

（5）乘客电梯，以运送乘客为主，也可运送重量和体积适当的日用物件。（　　）

2．选择题

（1）轿门关闭过程中，触碰到乘客或障碍物，即重新打开的门防夹保护，是（　　）防夹保护。

A．光幕　　B．光电　　C．触板　　D．雷达

（2）带有循环运动梯路向上或向下倾斜输送乘客的固定电力驱动设备，指的是（　　）。

A．自动扶梯　　B．自动人行道　　C．垂直电梯　　D．高速电梯

（3）（　　）叫层站。

A．相邻层之间　　B．楼层供乘客出入的地方

C．门最宽地方　　D．门最高的地方

（4）运送乘客又运送货物的电梯称为（　　）。

A．乘客电梯　　B．载货电梯　　C．医用电梯　　D．多用电梯

（5）（　　）是给乘客召唤电梯用的外呼指令按钮。

A．接触器　　B．电箱　　C．内呼按钮　　D．召唤按钮

学习笔记

项目 2 电梯运行安全

电梯的安全运行不仅关系到乘客的生命安全，也直接影响到物业的运营效率，对电梯运行安全的深入理解与实践显得尤为重要。本项目旨在对电梯运行过程中安全事故种类、影响电梯运行安全的主要因素、确保电梯安全运行的有效措施等方面对电梯运行安全进行深入分析，理解影响电梯运行安全的主要因素，并掌握有效的安全管理措施，以确保电梯的平稳、安全运行。

项目目标

（一）知识与技能

1. 理解电梯安全事故的种类及成因。
2. 掌握影响电梯运行安全的主要因素。
3. 学习并掌握确保电梯安全运行的有效措施。

（二）过程与方法

1. 通过案例分析，学习电梯事故的预防与应对策略。
2. 通过模拟演练，提高电梯运行安全管理的实际操作能力。
3. 通过小组讨论，培养团队协作和问题解决能力。

（三）情感态度与价值观

1. 树立安全第一的意识，认识到电梯安全运行的重要性。
2. 培养对电梯安全管理工作的责任感和使命感。
3. 形成严谨的工作态度。

项目描述

电梯安全是乘客与从业人员生命安全的重要保障。本项目旨在通过系统学习电梯运行（见图3-4）的安全知识，使学生能够准确判断电梯的运行状态，进行科学的安全分析。通过学习，掌握电梯的基本结构和工作原理，包括电梯的各个部件及其功能这将有助于我们及时发现潜在的安全隐患，在遇到紧急情况时做出正确的判断，并采取相应的措施加以解决，从而确保电梯的安全、稳定运行。

（一）项目分析

电梯运行安全涉及多个方面。本项目对电梯运行过程中安全事故种类进行分析，学习撞击事故、坠落事故、剪切事故、挤压事故；总结影响电梯运行安全的主要因素，包括曳引力不足、保护装置失效、端站保护开关失效、安全钳、限速器故障等；最后学习确保电梯安全运行的有效措施，制定行之有效的养护措施、提高电梯设备的检测范围与检测频率。通过以上措施，可以有效减少电梯运行过程中的安全事故，保障乘客的生命财产安全。

学习笔记

图 3-4　正在运行的扶梯

（二）项目引导

引导问题1：描述生活中电梯运行过程中的事故。

引导问题2：电梯运行过程中会突然坠落吗？

引导问题3：在电梯运行过程中电梯没有超载，但是到达一层后，电梯超载了，是什么原因？

学习笔记

知识链接

（一）电梯运行过程中安全事故种类

1. 撞击事故

电梯运行过程中的撞击事故种类包括但不限于安全距离不足导致的碰撞、冲顶或蹲底事故、制动器失效、缓冲器作用不足、安装和维护问题以及人为因素导致的撞击。这些事故的发生往往与电梯的安全设计、维护保养、操作规范和乘客行为密切相关。

① 安全距离不足：由于安全距离不够，导致人员被电梯相关零部件或建筑物碰撞。例如，在电梯的运行过程中，如果安全距离设置不当，可能会导致乘客与电梯门、轿厢壁或其他结构发生碰撞。

② 冲顶或蹲底事故：电梯在运行中突然失控，加速上升或下降，导致轿厢冲顶或蹲到底部，造成乘客受伤。例如，广东某小区的电梯从1楼加速撞向30层顶楼，导致乘客身亡。类似的事故也发生在安徽某小区，电梯从1楼升至31楼直接撞向楼板，造成女子死亡。

③ 制动器失效：电梯的制动器如果出现故障，可能导致电梯失去控制并发生撞击事故。例如，湛江电梯事故中专家发现制动器拉杆断裂，导致电梯失控。

④ 缓冲器的作用：在某些情况下，当电梯超过正常速度时，安全钳首先作用，将轿厢（对重）卡在导轨上，再由导轨传至底坑。如果安全钳失效，轿厢（对重）可能撞击缓冲器，缓冲器吸收动能提供保护。

⑤ 安装和维护问题：在电梯安装和维护过程中，如果未正确安装或维护安全装置，如限位功能、上极限开关等，也可能导致撞击事故。例如，某公司的电梯安装挤压事故就是由于部分安全保护装置功能尚未实现而发生。

⑥ 人为因素：乘客强行拉、撞击电梯门，或者倚靠电梯门，也可能导致电梯安全触板损坏或轴向松动，进而引起危险事故发生。

2. 坠落事故

电梯运行过程中可能发生的事故种类之一是坠落事故。这类事故通常发生在电梯的维护保养、使用和检验不规范的情况下，导致电梯出现故障并引发坠落事件。

① 电梯钢丝绳断裂：这是导致电梯坠落的主要原因之一。钢丝绳是支撑电梯运行的重要装置，如果发生断裂，可能导致电梯坠落。钢丝绳的断裂可能由于材料疲劳、缺乏维护、设计或制造缺陷等原因造成。

② 电梯制动系统故障：电梯的制动系统如果出现故障，也可能导致电梯坠落。

③ 导轨故障：导轨是电梯运行的基础结构，如果导轨出现故障，也会导致电梯坠落。

④ 电气部件故障：例如开关等电气部件的故障也可能引发电梯坠落。

3. 挤压事故

电梯运行过程中的挤压事故（见图3-5）种类繁多，涉及门系统、安装和维保、自动扶梯和自动人行道等多个方面。为了预防此类事故的发生，必须严格遵守安全操作规程，加强日常巡视和维护，并确保所有安全防护措施到位。

学习笔记

图 3-5　扶梯挤压造成的事故

① 门系统事故：这是最常见的挤压事故类型，包括乘客在电梯门开或关时被夹伤。例如，在某电梯事故中，由于制动力不足或制动器卡阻导致的开门运行是造成挤压事故的原因之一。

② 安装和维保过程中的挤压事故：在电梯安装或维护过程中，如果操作人员未严格按照规范要求进行操作，可能会导致设备突然停止运行，从而引发挤压伤亡事故。例如，某电梯安装挤压事故就是由于操作人员违章操作所致。

③ 自动扶梯和自动人行道的挤压事故：这些事故通常发生在乘客被夹在自动扶梯与自动人行道的部件之间，或者因踏板缺失保护而发生。例如，某电梯事故就是由于踏板掉落造成的腿部挤压。

④ 轿厢与井道、层门之间的挤压：当人员肢体或货物卡在轿厢与井道、轿厢与层门之间时，也可能发生挤压事故。例如，某电梯安装挤压事故中，工人被夹伤后送医不治身亡。

⑤ 电梯失控或故障导致的挤压：电梯在失控或故障状态下运行，可能导致乘客受伤。例如，某电梯事故中，曳引钢丝绳张力不均导致的径向跳动磨损和挤压挡绳装置，最终导致轿厢坠落。

（二）影响电梯运行安全的主要因素

1. 曳引力不足

曳引力是指钢丝绳与曳引轮之间通过摩擦产生的力，这种力能够驱动电梯轿厢沿着垂直轨道进行上下运动。当曳引力不足时，会导致一系列的安全问题。

① 曳引轮槽磨损或钢丝绳直径减小：随着电梯的长期使用，曳引绳与曳引轮槽之间的摩擦会导致曳引绳逐渐向槽底接近，使夹持力降低，从而导致摩擦力不足。

② 曳引能力不匹配：如果曳引机的曳引能力低于实际需要的载重量，也会导致曳引

学习笔记

力不足。例如，高曳引比和未及时调整钢丝绳张力都会影响到曳引力。

③ 环境因素：在潮湿和有腐蚀性气体的环境中，设备及构件易被锈蚀、脱落，这会进一步削弱曳引力。

④ 设计不合理：轿厢架设计不合理会加剧导靴与导轨间的磨损，从而影响曳引力。

⑤ 维护保养不当：定期的检修和维护对于保持电梯的正常运行至关重要。如果缺乏及时的维护，曳引系统可能会出现故障，导致曳引力不足。

2. 保护装置失效

影响电梯运行安全的主要因素之一是保护装置失效，尤其是超载保护装置和轿厢意外移动保护装置的失效。超载保护装置的失效可能由杠杆卡顿、弹簧疲劳、橡胶块老化等问题造成。此外，如果工作人员没有定期维护电梯，也会导致超载保护装置失效，甚至出现误动作现象。电梯超载保护装置的失效对电梯的安全运行影响很大，而误动作通常是过度保护的表现。

① 电气问题：长期使用导致传感器失灵或称重误差，这可能是由于电气元件接触不良、短路或断路等问题引起的。

② 机械磨损和老化：钢丝绳张力变化、轿厢底部变形等机械部件在长时间使用后会出现磨损或老化，从而影响其正常功能。

③ 维护不当：缺乏定期检查和评估，以及维保工作不到位，都会导致电梯超载保护装置的失效。定期维护和专业维修是确保其可靠性的关键措施。

④ 外部环境因素：如电压不稳定、断路器跳闸或保险丝熔断等电源问题也可能导致电梯超载保护装置无法正常工作。

3. 端站保护开关失效

端站保护装置包括强迫换速、限位及极限开关等三种保护开关，也称为越程保护开关，其主要作用是防止电梯由于控制方向的故障而超越顶层或底层端站继续运行。

① 极限开关失效：极限开关轮或碰铁松动，导致在需要减速和停止的情况下，极限开关无法有效动作而失效。

② 继电器保护装置故障：长时间工作导致局部温度过高，从而造成继电器保护装置运行出现非正常现象。

③ 元件老化和腐蚀：继电保护装置元件的老化、腐蚀将导致相关参数产生较大幅度的偏差，影响继电保护装置的应用效果。

4. 安全钳、限速器故障

这些装置在电梯超速、失控或悬挂装置断裂时，能够迅速将电梯轿厢制停在导轨上，并保持静止状态，从而避免发生人员伤亡及设备损坏事故。

① 维护保养不善：部分电梯由于维护保养不善，导致限速器弹簧长期处于不良状态，无法达到正常的工作要求。

② 环境因素：限速器工作环境恶劣，如缺乏清洁或存在污垢、锈渍等，会阻碍限速器的动作，使其无法在达到或超过规定动作速度时正常触发。

③ 机械结构问题：限速器的某些动作结构（如弹簧）出现锈蚀、灰尘、油污污染等问题，影响其灵敏性。

④ 电气问题：限速器的轴承转动阻力大，可能导致其无法准确检测速度，进而影响电梯的正常运行。

（三）确保电梯安全运行的有效措施

1. 制定行之有效的养护措施

电梯的日常维护保养必须按照相关安全技术规范以及电梯产品安装使用维护说明书的要求进行。

① 制定维保计划与方案：依据有关安全技术规范，结合电梯的实际使用情况，制定详细的维保计划与方案。

② 定期检查和维护：建立日、周、月、季、年检查保养制度，并由专业人员执行。例如，通力电梯建议每月进行一次定期检查，内容包括电气系统、机械系统和控制系统等。

③ 清洁和润滑：在养护过程中，需要对电梯的运行部件进行加油以保证其正常运行，并清除电梯内的积尘和杂物，保持电梯的清洁。

④ 预防性养护：重视电梯的预防性养护工作，确保每天使用的电梯能够及时发现并排除安全隐患，避免故障影响正常运行。

⑤ 专业团队参与：选择具有资质的专业维保团队进行电梯的维护保养工作，以确保其安全性能。

⑥ 记录和评估：建立维护和保养记录的管理制度，对维护和保养情况进行记录和归档，并定期评估和考核维护和保养质量，确保工作有效落实。

⑦ 应急预案：制定应急措施和救援预案，每半年至少针对不同类别（类型）的电梯进行一次演练，提高应对突发事件的能力。

2. 提高电梯设备的检测范围与检测频率

① 增加检测频率：对于一些以年为检测时间的电梯部件，增加检测频率可以有效控制相关问题的产生，从而起到安全防护的作用。例如，新安装的电梯在质保期内应进行定期检测，通常是半年一次至一年一次，质保期过后则可根据使用情况和物业要求来确定具体的检测频率。

② 建立周期化的检测体系：要明确电梯检测的周期，一般按照相关法律法规规定的周期进行检测，如每年进行一次全面检测，每月进行一次常规检测等。同时，应建立标准化的检测流程和内容，包括对电梯各部件的检测项目、检测方法、检测标准等进行明确规定，确保每台电梯都能够按时进行全面检测。

③ 引入先进的检测设备：通过引入先进的电梯检测设备，如激光测量仪和振动传感器，能够有效提高电梯检测的准确性和可靠性。这些高精度和高灵敏度的设备将为电梯的检测提供更为精确的数据和指标，有助于及时发现潜在的安全隐患。

④ 完善数据采集和分析系统：建立一套完善的数据采集和分析系统，实现对电梯运行数据的实时监测和分析。该系统可以通过传感器实时采集电梯的运行数据和状态，并将这些数据送入数据分析系统进行比对和分析，以便及时发现电梯的异常情况并进行预警，确保电梯的安全运行。

⑤ 推广智能化检测技术：利用现代技术手段，如深度学习和频率分析方法，进行电

学习笔记

梯状态监测。这些技术可以自动提取特征并计算新的特征，从而提高检测效率和准确性。

⑥ 加强日常巡检保养：电梯管理人员应每日对电梯机电设备进行清洁，保证电气、机械的干净、整洁。维保工作人员要每周对电梯的主要电气设备、安全设备进行安全检查，同时保障每层的厅门闭合严谨。以月为周期对电梯的重要电气设备与机械设备开展详细检查，适度调整；以季度为周期对电梯的所有电气设备、机械设备、传动控制等进行详细检查，包括机房、轿厢和井道等；以年度为周期，对电梯的维保工作进行评定监督，同时安排专业技术人员对电梯进行全面、系统化的检查与测试。

（四）电梯维保人员的安全操作规程

1. 作为电梯维保人员，正确的操作开梯、验梯步骤

（1）准备工作

联系客户，告知将进行电梯保养工作，并确认是否可以停梯作业。

（2）开梯步骤

① 在最底层厅门口待梯，设置障碍防止人员靠近。

② 告知另一人将电梯开到底层（开梯人应先将电梯开到倒数一层后）。

③ 将电梯呼至最高层，待电梯在最高层平层停梯后，打开厅门。

（3）验梯程序

① 检验极限、限位开关：极限开关工作时电梯上下全部应无法开动，限位工作时能够向反方向开启。极限开关工作尺寸必需小于对应缓冲距离。

② 检验各厅门：检查上坎架、地坎槽、路轨清洁，进行门锁电气开关试验。

③ 目测主开关的设置，断开主开关，检查（必要时用验电笔或万用表）照明、插座、通风和报警装置的供电电路是否被切断。

2. 正确设置电梯停梯标志以确保施工安全

正确设置电梯停梯标志以确保施工安全，需要综合考虑多方面的措施和规定。以下是一些关键步骤和注意事项：

（1）安装固定警示标志

在电梯出入口安装明显的警示标志，提醒工人和参观者不得擅自进入电梯井和电梯内部。这样可以有效地预防人员的误操作，避免发生意外。

（2）加强监督与管理

相关部门应加强对施工电梯的监督和管理，定期进行安全检查和评估，及时处理发现的问题，并对存在安全隐患的施工电梯进行整改或下线停用，确保施工现场的安全。

（3）加装安全设备

在施工电梯上必须配备各类安全设备，如载重限制装置、限速器、安全钳等，以确保电梯在超载或失速时可以及时停止并保护乘客的安全。

（4）加强安全教育和培训

施工场所必须对电梯使用人员进行安全教育和培训，包括对危险源的具体控制措施和应注意的安全事项的讲解。

学习笔记

（5）空载及满载运行检查

施工电梯每班首次运行时，必须空载及满载运行，梯笼升离地面1 m左右停车，检查制动器灵敏性，然后继续上行楼层平台，检查安全防护门、上限位、前、后门等是否正常。

3. 电梯维修过程中，进行电气系统的检查和维护

在电梯维修过程中，有效地进行电气系统的检查和维护是确保电梯安全运行的关键。以下是一些具体步骤和方法：

（1）定期检查

根据电梯的使用情况和工作环境，定期检查的频率通常为每月一次。检查内容包括电梯的电气系统、机械系统和控制系统等。

（2）仪表检测

使用万用表检测电梯的电阻或电压。在断电状态下进行测量，并根据电梯原理图和接线图进行检测操作，以查明是否有短路等问题。

（3）故障排查

采用故障码排查法、断路法和替代法等方法来查找和排除电梯电气故障。例如，如果断开某个触点后故障消失，则说明该触点可能是故障点。

（4）红外热成像技术

合理应用红外热成像技术进行电梯电气系统的综合检测，可以有效了解其具体状况，保障系统运行的安全性和稳定性。主要检测技术包括表面温度判断技术。

（5）维护保养

按照厂家推荐的维护周期进行电梯的维护保养，一般为每季度一次。维护保养应包括清洁、润滑、紧固、调整和更换易损件等工作。

（6）专业培训与规范遵循

电梯维修人员应接受专业培训，熟悉相关安全规范和操作规程。

项目实施

（一）项目分组

根据班级实际情况，4人一组，小组成员分别担任电梯工作人员、电梯设备公司人员、物业管理人员和乘客角色，模拟真实电梯乘坐安全教育过程。分组完成后，小组讨论制订组名、组言和小组LOGO，营造小组凝聚力和文化氛围，并确定任务分工，项目分组表见表3-3。

表3-3　项目分组表

组名	小组LOGO	组言	团队成员	学号	角色指派	职责
					电梯工作人员	
					电梯设备公司人员	
					物业管理人员	
					乘客	

学习笔记

（二）分组实施

任务1：模拟电梯维保人员，在上午10:00某商场开始运营，如何进行开梯。

任务2：作为乘客，当发现扶梯夹人事件，应该怎么做。

（四）案例分析

2023年1月9日，一电梯维保工违章操作被挤压致死。事故发生在进入轿顶检修前，未将电梯运行模式转换为检修状态或者急停状态，未启用机械阻止装置，导致电梯突然正常运行，造成悲剧。

分析事故原因：

电梯工作人员原因：____

____

电梯设备公司原因：____

____

物业管理原因：____

____

乘客原因：____

____

预防措施：____

____

学习笔记

项目评价

完成项目后根据学生自评、小组互评和教师评价填写表3-4项目实施评价表。

表3-4　项目实施评价表

序号	评价内容	评分标准	配分	学生自评	小组互评	教师评价
1	安全知识讲解	知识讲解是否全面，是否能够引起学生重视	20分			
2	操作示范	操作示范是否标准，是否能够正确引导学生	20分			
3	模拟演练	模拟演练是否贴近实际，是否能够提高学生的实际操作能力	30分			
4	安全意识	学生是否能够树立正确的安全意识	30分			
合计			100分			

注：违反安全操作规程，造成安全事故，本项目不得分。

能力测试

1．判断题

（1）带有蜗轮蜗杆减速机的曳引机，具有运行平稳、反驱自锁、噪声低、高效减速的特点。（　　）

（2）电梯导向系统，是用来约束机件运行轨迹的。（　　）

（3）对新接手的电梯维保，首次动态运行应慢车断续全程检查。发现异常应停车检查并消除故障。（　　）

（4）进入井道检修，应确认检修运行系统、急停开关和门锁保护有效。（　　）

（5）电梯驱动系统可控制电梯的起动加速、稳速运行和制动减速。（　　）

2．选择题

（1）电梯负载正常，但起动阻力大，运行速度明显低，可能的原因是（　　）。

A. 门锁回路故障　　B. 安全回路故障

C. 曳引绳不均衡　　D. 刹瓦未全开

（2）（多选题）维修工林某，未打检修，将门锁回路短接后修电梯。一乘客进轿厢遇开门走梯，在内外门之间剪切死亡。事故发生的原因是（　　）。

A. 维修中载客　　B. 未打检修短接门锁

C. 乘客自己负责　　D. 带病运行

（3）（　　）能让电梯处于检修慢行挡位，使电梯能在机房、轿内、轿顶操控，并以慢车速度运行。

A. 检修开关　　B. 底坑停止开关

C. 过载保护装置　　D. 直流电动机的弱磁保护

（4）机房检修活板门，是水平放置直通井道的门盖。开启前若不设置（　　），则有人员坠落的可能。

学习笔记

A. 符号　　B. 护栏　　C. 警示牌　　D. 门禁

（5）轿顶防护栏的作用是（　　）。

A. 装饰作用　　B. 平衡轿厢、对中重量

C. 保护维修人员安全　　D. 悬挂标志牌

项目 3 电梯作业安全

电梯作业安全是确保电梯正常运行和操作人员安全的重要环节。本项目旨在深入分析电梯作业过程中的安全规程、作业时的安全措施以及事故处理和预防，以提升作业人员的安全意识和操作技能。通过学习，提高作业人员对安全重要性的认识，使其在日常工作中能够主动识别潜在风险，并采取预防措施。鼓励作业人员持续学习最新的电梯技术和安全标准，以适应不断变化的作业环境和要求。确保所有作业活动都符合国家和地方的法律法规以及行业标准，提高作业的合规性。

项目目标

（一）知识与技能

1. 理解电梯作业过程中的安全规程、作业时的安全措施以及事故处理和预防的基本知识。

2. 学会制定和执行作业前设备检查清单、作业中安全操作规程。

3. 能够将学到的知识应用到实际的电梯作业中。

（二）过程与方法

1. 参与电梯作业安全的实际模拟演练，学习如何识别潜在风险并采取预防措施。

2. 参与电梯作业的各个环节，以加深对安全规程的理解和掌握。

3. 评估学习成果和安全操作的执行情况，不断改进和提高。

（三）情感态度与价值观

1. 认同电梯作业安全的重要性，理解遵守安全规程对于保护个人和他人安全的必要性。

2. 体会遵守安全规程和采取安全措施在实际操作中的重要性和实际效果。

3. 将安全意识内化为个人的职业行为准则，无论在电梯作业还是其他工作环境中，都能够自觉地遵守安全规范。

项目描述

随着社会经济的发展和城市化进程的加快，电梯的使用频率和范围不断扩大，电梯作业人员安全事故的发生也引起了社会各界的广泛关注。电梯的作业安全是电梯维修保养人员从设计、制造、安装、维护保养、操作等多个环节入手，采取综合性的安全管理

措施。通过加强电梯的安全作业管理，提高电梯的维护保养水平，提升操作人员的专业技能和安全意识，以及采用先进的安全技术，可以有效预防电梯事故的发生，保障人们的生命财产安全。图3-6所示为电梯作业人员在做电梯保养。

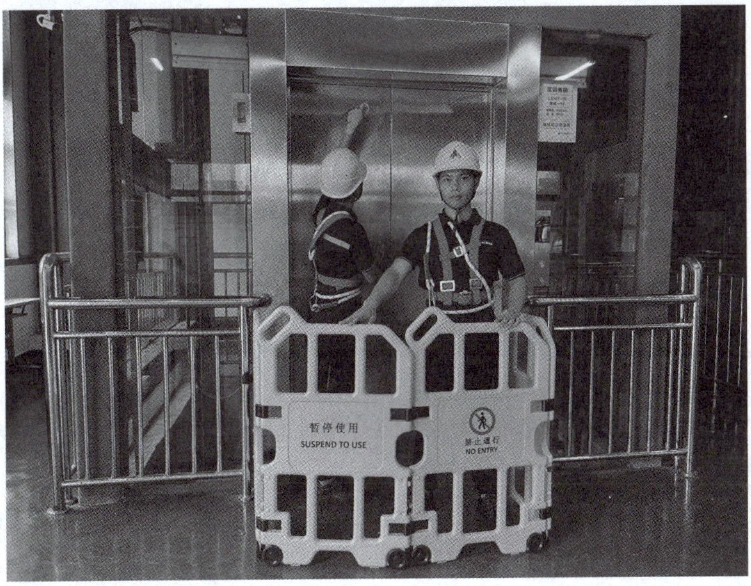

图 3-6　电梯作业人员在做电梯保养

（一）项目分析

电梯作业安全涉及多个方面。安全规程的制定与执行方面，包括但不限于作业前的设备检查、作业中的安全操作以及作业后的设备复位和现场清理；安全措施的实施方面，包括如何使用个人防护装备、确保作业环境的安全性以及在高空作业时采取的特别预防措施等；事故处理与预防策略方面，通过案例分析和模拟演练，将学习如何在紧急情况下迅速有效地响应，包括事故报告、现场保护、伤员救助等。

（二）项目引导

引导问题1：电梯作业人员可能发生的安全事故有哪些？

引导问题2：作业过程中，作业人员一直都需要佩戴安全绳吗？

学习笔记

引导问题3：如果电梯作业简单，为了减少资源浪费，是否可以单人作业？

知识链接

（一）安全作业规程

安全规程的制定与执行是确保作业安全的关键环节，涉及到作业前的设备检查、作业中的安全操作以及作业后的设备复位和现场清理等多个方面。

1. 制定有效的作业前设备检查清单

制定有效的作业前设备检查清单需要综合考虑多个方面的因素，包括设备的类型、使用环境、维护历史以及特定的操作要求。

① 确定检查的必要性和频率：根据设备的使用情况和磨损率来决定检查的必要性和频率。例如，对于不同阶段的设备故障过程，可能需要不同的检查策略。

② 制定详细的检查清单：检查清单应包括所有关键的检查点，如电气连接、机械部件、安全装置等。这些检查点应基于设备的具体类型和操作环境进行制定。

③ 采用周期性检查设计：将检查分为累计值检和日历检两种类型，以适应不同的维护需求。累计值检依据某种指标达到一定值进行检查，而日历检则是依据到指定日期进行检查。

④ 强化设备验收管理：确保设备在投入使用前经过严格的验收检查，包括对设备性能、技术参数和安全标准的全面评估。

⑤ 建立完备的文件体系：为了支持设备管理体系的要求，需要建立一个包含所有必要信息的文件体系，这有助于在第三方评价或其他审核过程中证明设备管理的有效性。

⑥ 实施定期的核查和校验：根据设备的使用情况和重要性，定期进行核查和校验，以确保设备的准确性和可靠性。

⑦ 采用科学的检查方法：例如“推・敲・听”三字法，通过物理操作（如推）、听声音等方式来判断设备是否存在潜在问题。

⑧ 持续改进检查流程：根据实际操作中发现的问题和经验，不断优化和调整检查清单，确保其科学性和实用性。

2. 作业中安全操作规程

① 风险评估与控制：在作业前进行详细的风险评估，识别潜在的危害，并根据评估结果制定相应的控制措施。这一步骤是确保作业安全的基础，可以最大限度地消除或控制风险。

② 标准化作业程序：建立和实施标准化的作业程序，这不仅包括工作前的准备、工作中的执行以及工作后的清理，还应包括应急对策和事故处理程序。标准化作业程序有助于规范员工的行为，提高作业的安全性。

学习笔记

③ 安全教育与培训：对员工进行定期的安全教育和技能培训，确保每位员工都了解并能够遵守安全操作规程。通过提高员工的安全意识和技能，可以有效预防安全事故的发生。

④ 层级控制法的应用：采用安全作业层级控制法，通过管理手段监控安全作业的职责与权限履行情况，强化生产作业过程控制，规范岗位操作行为。这种方法有助于提高规章制度的可操作性和执行力度。

⑤ 动态风险管控：采用如“十部法”等动态风险评估方法，对安全风险进行持续的监控和管理。这种方法适用于动态变化的工作环境，能够及时发现和应对新的安全风险。

⑥ 遵守国家标准和法规：严格遵守国家关于特殊作业的安全规范和标准，确保所有作业活动都在法律和规定的框架内进行。

3．作业后设备复位和现场清理的标准流程

① 设备拆卸与清洗：首先，需要对设备进行拆卸，特别是对于那些已经使用过或长时间未使用的设备。这一步骤是为了去除附着在设备上的污垢、油脂和其他沉积物，以保证设备的清洁和正常运行。

② 零件的检查与鉴定：在清洗过程中，应对所有零件进行仔细检查，以确定是否有损坏或磨损的部件。这一步骤是确保设备能够安全、有效地重新装配的关键。

③ 装配与润滑：根据设备的具体要求，将清洗并检查过的零件重新装配，并添加适当的润滑剂。正确的装配和润滑不仅影响设备的性能，还关系到设备的使用寿命。

④ 现场清理：除设备内部的清洁外，还需要清理工作区域，包括移除所有工具、废料和其他杂物。这有助于保持工作环境的整洁，防止意外事故的发生。

⑤ 安全与环保措施：在整个清洗和复位过程中，应采取适当的安全措施，如佩戴个人防护装备，以及妥善处理清洗废水和废物，确保符合环保标准。

⑥ 记录与文档化：完成上述所有步骤后，应详细记录整个过程，包括使用的材料、操作人员、时间等信息。这些记录对于未来的维护和故障排除非常重要。

（二）作业时的安全措施

1．个人防护装备的使用

① 安全绳：对于电梯维修和高空作业人员，必须佩戴安全绳，以防止从高处坠落。安全绳需要高挂低用，以确保不慎坠落时减少作业人员的损伤。安全绳的正确佩戴如图3-7所示。

② 头盔：在电梯轿顶等可能存在物体落下风险的区域工作时，应佩戴头盔以保护头部安全。

③ 防滑鞋：为了减少在湿滑或不平坦的地面上滑倒的风险，工作人员应穿着防滑鞋。

2．确保电梯作业环境的安全性

① 定期检查和维护：电梯及其部件应定期进行检查和维护，以确保其正常运行和安全性。

② 质量检测：在电梯投入使用前，应进行质量检测，以发现并修复可能存在的安全隐患。

学习笔记

图 3-7　安全绳的正确佩戴

③ 安全装置的检查：电梯维保人员应对安全装置经常检查，保证电梯始终处于安全良好的工作状态。

④ 防止意外移动的保护装置：设计并安装防止轿厢意外移动的安全保护装置，以确保人员进出电梯轿厢时的人身安全。

⑤ 在进入电梯之前，要仔细观察电梯的外观是否正常，是否有明显的损坏或故障迹象，如门的关闭情况、按钮是否正常、指示灯是否亮等。

3．在电梯高空作业时采取的特别预防措施

① 轿顶护栏和照明：改进轿顶护栏的设计，并提高轿顶照明的亮度，以提供更好的支撑和视觉条件，减少作业风险。

② 平层感应器：设置平层感应器，以确保电梯停靠准确，避免因位置偏差导致的事故。

③ 空间大小的考虑：在设计和制造电梯时，应考虑到轿顶空间的大小，为从业人员创造足够的操作空间，避免拥挤导致的安全隐患。

（三）事故处理与预防策略

1．事故报告与现场保护

① 事故报告。当发生电梯事故时，首先应立即启动应急预案，并向相关领导和部门报告事故情况，包括事故时间、地点、涉及人员及初步判断的事故原因等。指定专人负责记录事故详情，并及时上报至公司安全管理部门和上级主管部门。

② 现场保护。在事故发生后，立即设置警戒线，防止无关人员进入事故现场，避免二次伤害。确保现场环境安全，如切断电源、关闭电梯门等，以防止进一步的危险。

2．伤员救助与应急救援

① 伤员救助。使用紧急报警装置或电话联系救援人员，告知被困人员的具体位置和状况。救援人员到达现场后，根据具体情况采取相应的救援措施，如使用扩张器撬开围裙板与踏板间隙解救乘客。对受伤人员进行初期急救，并配合医院工作人员做好医疗救

学习笔记

护工作。

② 应急救援程序。维保单位应安排有资质的维保人员进行维保，并对作业人员进行安全教育和培训，确保其持有《特种设备作业人员证》。救援准备工作要合理充分，包括配备必要的工具和设备，如灭火器、抢险器材等。救援工作应严格按照操作规程进行，确保每个环节都熟练配合默契。

3．演练与培训

① 定期演练。定期组织电梯应急预案演练，检验现场设施（如防火设施）及器械的有效性，并了解专业人员和应急救援人员的操作能力。演练内容包括故障报修后的快速反应、救援准备、现场指挥、伤员救助等。

② 培训内容。培训内容应全面系统，涵盖电梯结构和原理、安全操作规程、紧急救援等方面的知识。对新入职人员和现有员工进行定期的安全教育和技能培训，确保他们掌握必要的专业知识和技能。

（四）电梯安装维保人员操作注意事项

1．电梯维保人员，作业过程中的安全注意事项

（1）停电操作

在进行电梯维护前，必须确保电梯已完全停电，并悬挂“禁止合闸”的标志牌。使用合格的验电器进行验电，确保电梯电源已完全断开。

（2）检查安全装置

维保人员应对电梯的安全装置进行全面检查，包括急停开关、限速张紧装置等，确保其正常工作。

（3）个人防护

作业人员应穿戴整洁规范的工作服、工作帽、安全带、安全鞋等个人防护用品。

（4）多人配合

多人配合维修电梯时，要做到思想集中，相互之间有呼有应，做好配合工作。

（5）警示标识

进入底坑后，应将底坑检修盒上的急停开关或限速张紧装置的断绳开关断开，并设置明显的障碍物和警告牌。

（6）工具管理

应使用检验合格的作业工具、计量器具，工作完毕后要装回安全罩及挡板，清理人员不得留工具在设备内。

（7）报告制度

汇报所有责任事故，对于严重人身伤害或财产损失，须立即电话通知公司在当地的办事机构，向公司主管或经理通报。

2．电梯安装人员，作业过程中的安全注意事项

（1）安全第一

电梯安装是一项高风险的工程，安全是最重要的考虑因素。需要严格遵守相关安全规范和操作流程，确保工作人员和周围环境的安全。

学习笔记

（2）专业培训

所有工作人员必须经过专业培训，熟悉所操作电梯的性能、构造、保养、维修知识。

（3）现场准备

在开始安装电梯之前，必须对安装现场进行准备工作，并按照相关要求做好各项注意事项和防范措施。这包括对现场进行安全检查，确保没有高空坠落的洞口和落物的防护措施。

（4）个人防护

所有工作人员必须戴好安全帽，上高人员必须穿防滑鞋，高空作业必须系好安全带，配挂工具包。

（5）指挥统一

所有工作人员必须听从指挥人员的统一指挥和信号。

（6）电源监护

电梯安装过程中须有专人照看电源。

（7）防止抛投物品

严禁由高空向下抛投物品。

（8）建筑物周边障碍物

注意建筑物周边的障碍物，若有障碍物必须排除后才可作业，防止发生意外事故。

（9）警戒线设置

电梯安装区域设置警戒线，有明显标志，并要有专人监护，在安装时也要避免其他人进出。

项目实施

（一）项目分组

根据班级实际情况，4人一组，小组成员分别担任电梯工作人员、电梯设备公司人员、物业管理人员和乘客角色，模拟真实电梯乘坐安全教育过程。项目分组表见表3-5。

表3-5　项目分组表

组名	小组LOGO	组言	团队成员	学号	角色指派	职责
					电梯工作人员	
					电梯设备公司人员	
					物业管理人员	
					乘客	

（二）分组实施

任务1：模拟电梯作业过程中，由于没有架设护栏，导致有乘客走进扶梯，跌落井道。

任务2：模拟物业人员在检查中发现，某小区一电梯维保人员凌晨作业时失联，后发现身处电梯底坑内，经确认已死亡，物业人员应该怎么处理。

（三）案例分析

2024年8月，在某小区作业过程中，队长为了加快电梯安装的进度，安排机房进行轿顶设备安装、底坑进行缓冲器安装，但在作业过程中，轿顶人员不小心把活动扳手跌落砸到底坑人员脑袋，事故导致底坑作业人员当场昏迷。

事故原因分析：

电梯工作人员原因：________________________________

____

电梯设备公司原因：________________________________

____

物业管理原因：____________________________________

____

乘客原因：____

____

预防措施：____

____

学习笔记

项目评价

完成项目后根据学生自评、小组互评和教师评价填写表3-6项目实施评价表。

表3-6 项目实施评价表

序号	评价内容	评分标准	配分	学生自评	小组互评	教师评价
1	安全知识讲解	知识讲解是否全面，是否能够引起学生重视	20分			
2	操作示范	操作示范是否标准，是否能够正确引导学生	20分			
3	模拟演练	模拟演练是否贴近实际，是否能够提高学生的实际操作能力	30分			
4	安全意识	学生是否能够树立正确的安全意识	30分			
合计			100分			

注：违反安全操作规程，造成安全事故，本项目不得分。

能力测试

1．判断题

（1）电梯安装维修作业危害涉及的人员有使用单位、安装维修单位、监管部门人员。（　　）

（2）当轿顶外侧边缘至井道壁水平方向的自由距离大于0.6 m时，轿顶应装设防护栏及警示性标识。（　　）

（3）凡从事2 m以上作业，无法采取可靠防护设施的高处作业人员必须穿防护服。（　　）

（4）从事2.5 m以上作业，无法采取可靠防护设施的高处作业人员必须系安全带。（　　）

（5）高处作业是指坠落高度距基准面≥2 m。（　　）

2．选择题

（1）电梯日常维护保养作业中，现场作业人员不得少于（　　）人。

A. 1　　B. 2　　C. 3　　D. 4

（2）为防止作业人员依靠在轿顶护栏上向轿厢外探身工作时，意外地从护栏上翻落至井道内，规定当自由距离大于0.85 m时，轿顶护栏的高度不应小于（　　）m。

A. 0.5　　B. 0.7　　C. 0.8　　D. 1.1

（3）护栏应装设在距轿顶边缘最大为（　　）m之内，以防止在护栏外形成可供人员作业的空间。

A. 0.15　　B. 0.2　　C. 0.25　　D. 0.3

（4）电梯在安装中，作业平台的脚手板的宽度应大于（　　）mm。

A. 50　　B. 80　　C. 100　　D. 150

（5）为防止作业人员依靠在轿顶护栏上向轿厢外探身工作时，意外地从护栏上翻

学习笔记

落至井道内，规定当扶手外缘水平自由距离不大于 0.85 m 时，要求轿顶护栏高度不应小于（　　）m。

A. 0.5　　B. 0.7　　C. 0.8　　D. 1.1

拓展阅读

电梯安全：人民安全宗旨与专业技能提升

电梯作为城市生活中不可或缺的垂直交通工具，其安全运行直接关系到人民群众的生命财产安全。因此，电梯行业的每一位从业者都应将人民安全放在首位，不断提升电梯安全认知和操作技能，确保电梯的安全运行。

在本模块的学习中，我们从电梯乘坐安全、电梯运行安全、电梯作业安全三个方面进行了深入学习，这不仅是对中职学生职业生涯的一项基本技能要求，更是体现了对人民生命安全高度负责的态度。通过学习，我们认识到：

① 电梯乘坐安全是保障人民群众日常生活安全的重要组成部分。通过掌握正确的乘坐方法和紧急情况下的自救互救技能，可以有效预防和减少事故发生。

② 电梯运行安全需要电梯维保人员严格按照操作规程进行日常检查和维护，确保电梯设备始终处于良好的运行状态。

③ 电梯作业安全要求作业人员在进行电梯安装、维修等作业时，严格遵守安全操作规程，采取必要的安全防护措施，防止事故发生。

在实际工作中，我们应不断提升专业技能，加强安全意识，以实际行动保障人民群众的乘梯安全，为构建和谐社会贡献力量。

模块四

电梯法律法规与标准

学习笔记

电梯作为一种重要的垂直交通工具，在我们的日常生活中被广泛使用。为了保障公众安全和健康，国家制定了一系列的法律法规标准来规范电梯的生产、安装、使用和维护。以下从电梯法律基础、电梯技术法规与标准、《电梯使用管理与维护保养规则》（TSG T5001—2023）三个方面进行学习，学生将建立起对电梯法律法规与标准的基本认知，为今后的专业学习和职业生涯打下坚实的基础。

项目1 电梯法律基础

特种设备是指涉及生命安全、危险性较大的锅炉、压力容器（含气瓶）、压力管道、电梯、起重机械、客运索道、大型游乐设施和场（厂）内专用机动车辆这八大类设备。为保障特种设备的安全运行，国家对各类特种设备，从生产、使用、检验检测三个环节都有严格规定，实行的是全过程的监督。2013年6月29日，十二届全国人大常委会通过《中华人民共和国特种设备安全法》。2014年11月，国家质检总局公布了新修订的《特种设备目录》。电梯作为现代建筑中不可或缺的垂直交通工具，其安全运行直接关系到人们的生命财产安全。

项目目标

（一）知识与技能

1．了解特种设备的基本定义。

2．理解特种设备法律法规体系的结构层次。

3．能够掌握特种设备法律基础知识，构建法律思维。

（二）过程与方法

1．通过学习特种设备法律法规体系，能够系统掌握五个层次的定义与作用。

2．能够掌握特种设备法律法规基本知识，将所学知识应用到实际情况中。

3．通过案例分析和模拟演练，能够反思学习过程，提高法律思维能力和安全生产意识。

学习笔记

（三）情感态度与价值观

1. 通过学习，能够自觉树立法治观念，认识到特种设备法律法规的权威性和必要性，从而在日常工作中严格遵守法律，维护法律尊严。

2. 激发学生对特种设备安全管理的责任感，以及对社会公共安全的使命感。

3. 提升对特种设备法律法规的学习兴趣和探索热情，能够积极参与团队学习活动，与同伴分享学习心得，共同解决法律难题。

项目描述

党的二十大报告指出，坚持全面依法治国，推进法治中国建设。本项目旨在让学生掌握特种设备法律法规体系的结构层次，通过培养法治意识，增强责任感与使命感，促进公平公正观念，提升尊重法律的情感，激发主动学习与探索的热情以及强化团队协作与沟通能力，全面提升学生的法律素养和综合能力。特种设备作为工业生产和社会生活中不可或缺的重要部分，其安全性能直接关系到人民生命财产安全和社会稳定。因此，深入学习和掌握特种设备法律法规，对于确保特种设备的安全运行具有重要意义。

（一）项目分析

特种设备法律法规体系是一个相对完善和复杂的系统，旨在保障特种设备的安全运行，预防事故发生，保护人民生命财产安全。经过多年的发展与完善，国家特种设备法律法规体系形成由“法律—行政法规—部门规章—安全技术规范—引用标准”五个层次构成的法律法规体系，如图4-1所示。

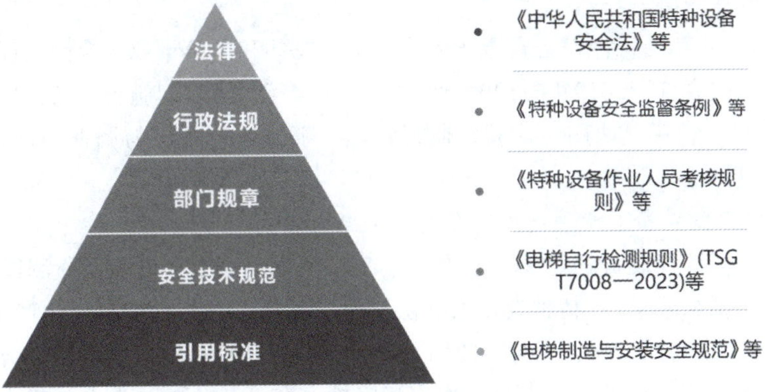

图 4-1 中国特种设备法律法规体系

（二）项目引导

引导问题1：《中华人民共和国特种设备安全法》是法律还是行政法规？

学习笔记

引导问题2：特种设备监管部门对电梯安装中电梯安装企业擅自变更安装方案，更改电梯层门设置等违法行为能否监管？

引导问题3：普通居民是否有权向负责特种设备安全监督管理的部门和有关部门举报涉及特种设备安全的违法行为？

知识链接

（一）法律

法律是维护国家稳定、各项事业蓬勃发展的最强有力的武器，也是捍卫人民群众权利的工具。特种设备法律包括：《中华人民共和国安全生产法》《中华人民共和国特种设备安全法》《中华人民共和国行政许可法》《中华人民共和国产品质量法》《中华人民共和国石油天然气保护法》等。

《中华人民共和国特种设备安全法》由中华人民共和国第十二届全国人民代表大会常务委员会第三次会议于2013年6月29日通过，自2014年1月1日起施行。《特种设备安全法》分总则、生产、经营、使用、检验、监督管理、事故应急救援与调查处理、法律责任、附则，共7章101条。

1.《中华人民共和国特种设备安全法》主要内容

该法明确了特种设备的定义、范围、生产、经营、使用、检验、检测以及安全监督管理的基本原则和要求。《特种设备安全法》第二条规定：特种设备的生产（包括设计、制造、安装、改造、修理）、经营、使用、检验、检测和特种设备安全的监督管理，适用本法。第三条规定：特种设备安全工作应当坚持安全第一、预防为主、节能环保、综合治理的原则。并对特种设备的生产、经营、使用单位及其相关人员的责任和义务做出了详细规定。有效提高了特种设备的安全性能和管理水平，减少了事故的发生。

2.《中华人民共和国特种设备安全法》立法必要性

特种设备是一个国家经济水平的代表，是国民经济的重要基础装备。我国现有特种设备生产企业已经形成从设计、制造、检测到安装、改造、修理等完整的产业链。《特种设备安全法》第七条规定：特种设备生产、经营、使用单位应当遵守本法和其他有关法律、法规，建立、健全特种设备安全和节能责任制度，加强特种设备安全和节能管理，确保特种设备生产、经营、使用安全，符合节能要求。特种设备具有在高温、高

学习笔记

压、高空、高速条件下运行的特点，是人民群众生产和生活中广泛使用的具有潜在危险的设备，有的在高温高压下工作，有的盛装易燃、易爆、有毒介质，有的在高空、高速下运行，一旦发生事故，会造成严重人身伤亡及重大财产损失。对此，世界各国政府十分重视其安全，不断探索、寻找解决办法，对这类设备、设施均实行特殊监管，以保障安全。

3.《中华人民共和国特种设备安全法》立法目的

近年来，随着我国经济的快速发展，特种设备数量迅猛增长，安全保障压力不断增大，人民群众对安全保障的要求也不断提高，现有的行政法规已不能适应新时期特种设备安全工作的需要。《特种设备安全法》第一条规定：为了加强特种设备安全工作，预防特种设备事故，保障人身和财产安全，促进经济社会发展，制定本法。立法就是要解决实践中普遍存在的突出问题。面对严峻的特种设备安全形势，本着对人民生命安全高度负责的精神，把人民群众的生命和财产安全放在第一位。

4.《中华人民共和国特种设备安全法》基本原则

（1）坚持安全第一的原则

特种设备安全如同生产安全一样，所有的工作都是将安全放在第一位。安全生产不仅关乎员工的生命安全，更关系到企业的稳定发展和社会的和谐安宁。要贯彻落实国家安全生产工作部署，进一步抓紧抓实抓细特种设备安全防范工作措施，坚决防范遏制重特大事故发生，切实保障人民群众生命财产安全，维护社会稳定大局。

（2）预防为主的原则

特种设备安全工作包括事前预防和事后处理两个方面。防止事故的发生是最根本的一种要求，事前预防是防止事故发生的有效措施，事后处理是将事故造成的损失降低到最小程度。特种设备的事前预防就是将所有能够造成事故的因素，从设计、制造、安装，以及改造、修理、使用等都要考虑到，并且采取必要的技术、行政、管理等手段和措施，使其达到安全使用的目的。第二十二条规定：电梯的安装、改造、修理，必须由电梯制造单位或者其委托的依照本法取得相应许可的单位进行。电梯制造单位委托其他单位进行电梯安装、改造、修理的，应当对其安装、改造、修理进行安全指导和监控，并按照安全技术规范的要求进行校验和调试。电梯制造单位对电梯安全性能负责。

在特种设备的安全工作中，经过历史的教训，人们总结了比较完善的监督管理方式，制定了基本的安全要求，采取了比较严格的监督管理方式，包括强调生产企业的质量管理、安全管理，设立专门机构采取资格许可、监督检验、定期检验措施等等，其目的就是预防事故的发生。第五十条规定：从事本法规定的监督检验、定期检验的特种设备检验机构，以及为特种设备生产、经营、使用提供检测服务的特种设备检测机构，应当具备下列条件，并经负责特种设备安全监督管理的部门核准，方可从事检验、检测工作：有与检验、检测工作相适应的检验、检测人员；有与检验、检测工作相适应的检验、检测仪器和设备；有健全的检验、检测管理制度和责任制度。

（3）节能环保的原则

坚持安全第一原则，不是说不考虑其他方面，特别是节能和环保。特种设备中有一些设备本身就是高耗能设备。在特种设备设计时，在保证安全的前提下、应尽量考虑到材料的使用、结构的合理、锅炉运行方式的科学等。《中华人民共和国节约能源法》第十六条规定：对高耗能的特种设备，按照国务院的规定实行节能审查和监管。

学习笔记

（4）综合治理的原则

要做好特种设备安全工作，涉及生产、经营、使用单位和检验检测机构的责任、诚信、服务意识，涉及检验机构的技术水平和能力、政府监督管理和执法能力，涉及全社会的安全意识，需要各方协同，通过教育、道德以及经济、行政和法律手段来达到保障安全的目的。第四条规定：国家对特种设备的生产、经营、使用，实施分类的、全过程的安全监督管理。

5.《中华人民共和国特种设备安全法》亮点解读

通过加强监督检查和市场监管，提高了特种设备生产和使用单位的安全意识和责任感，为保障人民群众生命财产安全提供了法律保障。同时，该法律的实施也促进了特种设备技术的进步和管理体系的完善，为经济发展和社会稳定做出了积极贡献。

（1）管理体制的“三位一体”

企业为主体：明确企业在特种设备生产、经营、使用中的主体责任，要求企业建立健全特种设备安全和节能责任制度。政府为监管：强化政府对特种设备安全工作的监督管理，明确国务院和地方各级人民政府及其特种设备安全监督管理部门的职责。社会为监督：鼓励社会监督，包括特种设备行业协会的自律监督以及公众对特种设备安全违法行为的举报。

第九条规定：特种设备行业协会应当加强行业自律，推进行业诚信体系建设，提高特种设备安全管理水平。

（2）分类监管和重点监管

分类监管：根据特种设备的性能特点和危险程度，将其分为承压类和机械类，实行不同的监管模式和手段。重点监管：对人口密集、公众聚集较多的场所，如车站、商场、学校等的特种设备，实施重点安全监督检查。

第五十七条规定：负责特种设备安全监督管理的部门依照本法规定，对特种设备生产、经营、使用单位和检验、检测机构实施监督检查。负责特种设备安全监督管理的部门应当对学校、幼儿园以及医院、车站、客运码头、商场、体育场馆、展览馆、公园等公众聚集场所的特种设备，实施重点安全监督检查。

（3）闭环管理

将特种设备的设计、制造、安装、经营、使用、检验、检测等各个环节纳入法律监管范围，形成闭环管理。明确规定销售者不得销售未经许可检验的特种设备，且必须建立检查验收和销售记录制度。

第七十四条规定：违反本法规定，未经许可从事特种设备生产活动的，责令停止生产，没收违法制造的特种设备，处十万元以上五十万元以下罚款；有违法所得的，没收违法所得；已经实施安装、改造、修理的，责令恢复原状或者责令限期由取得许可的单位重新安装、改造、修理。

（4）安全监管与节能相结合

在保障特种设备安全的同时，注重节能工作，既保障安全又注重生态和环保。

第七条规定：特种设备生产、经营、使用单位应当遵守本法和其他有关法律、法规，建立、健全特种设备安全和节能责任制度，加强特种设备安全和节能管理，确保特种设备生产、经营、使用安全，符合节能要求。

（5）可追溯制度

特种设备从设计、制造、安装到报废的每个环节都要做记录，设备上要有标牌和各

学习笔记

类参数资料，实现可追溯性。

第二十一条规定：特种设备出厂时，应当随附安全技术规范要求的设计文件、产品质量合格证明、安装及使用维护保养说明、监督检验证明等相关技术资料和文件，并在特种设备显著位置设置产品铭牌、安全警示标志及其说明。

（6）召回制度

确立特种设备召回制度，对于因生产原因存在危及安全同一性缺陷的特种设备，生产单位应主动召回或由政府责令召回。

第二十六条规定：国家建立缺陷特种设备召回制度。因生产原因造成特种设备存在危及安全的同一性缺陷的，特种设备生产单位应当立即停止生产，主动召回。

（7）民事优先原则

在发生事故后，当责任单位的财产不足以同时支付处罚和民事赔偿时，优先赔付老百姓和消费者，体现以人为本的立法精神。

第九十七条规定：违反本法规定，造成人身、财产损害的，依法承担民事责任。违反本法规定，应当承担民事赔偿责任和缴纳罚款、罚金，其财产不足以同时支付时，先承担民事赔偿责任。

（8）加大处罚力度

对违法行为的处罚力度加大，违法行为处罚最高可达200万元，并对发生重大事故的当事人和责任人的个人处罚也做出明确规定。

第九十条规定：发生事故，对负有责任的单位除要求其依法承担相应的赔偿等责任外，依照下列规定处以罚款：发生一般事故，处十万元以上二十万元以下罚款；发生较大事故，处二十万元以上五十万元以下罚款；发生重大事故，处五十万元以上二百万元以下罚款。

（9）明确各方责任

生产者责任：确保特种设备生产符合安全技术规范及相关标准，不得生产不符合安全性能要求的特种设备。经营者责任：销售的特种设备应符合安全技术规范及相关标准，并建立检查验收和销售记录制度。使用者责任：对使用的特种设备进行自行检测和维护保养，确保特种设备的安全运行。监管部门责任：各级人民政府和特种设备安全监督管理部门应加强对特种设备安全工作的领导、监督和管理。

第十九条规定：特种设备生产单位应当保证特种设备生产符合安全技术规范及相关标准的要求，对其生产的特种设备的安全性能负责。不得生产不符合安全性能要求和能效指标以及国家明令淘汰的特种设备。

（10）鼓励先进技术和方法

支持特种设备安全的科学技术研究，鼓励先进技术和先进管理方法的推广应用，对做出突出贡献的单位和个人给予奖励。

第十条规定：国家支持有关特种设备安全的科学技术研究，鼓励先进技术和先进管理方法的推广应用，对做出突出贡献的单位和个人给予奖励。

（二）行政法规及法规性文件

行政法规是指国务院根据宪法和法律，按照法定程序制定的有关行使行政权力，履行行政职责的规范性文件的总称。行政法规的制定主体是国务院，行政法规根据宪法和法律

学习笔记

的授权制定、行政法规必须经过法定程序制定、行政法规具有法的效力。行政法规一般以条例、办法、实施细则、规定等形式组成。发布行政法规需要国务院总理签署国务院令。

1. 电梯行业的行政法规

电梯行业的行政法规包括《特种设备安全监察条例》《生产安全事故报告和调查处理条例》等。

2. 电梯行业的法规性文件

电梯行业的法规性文件包括《特种设备使用单位落实使用安全主体责任监督管理规定》等。

3. 电梯行业的地方性法规

电梯行业的地方性法规是指法定的地方国家权力机关依照法定的权限，在不同宪法、法律和行政法规相抵触的前提下，制定和颁布的在本行政区域范围内实施的规范性文件。如:《广东省电梯使用安全条例》《广东省特种设备安全监察条例》等。

另外，与特种设备有关的行政法规还包括:《安全生产事故报告和调查处理条例》《国家安全生产事故灾难应急预案》等。

（三）部门规章

1. 电梯行业的部门规章

部门规章是指国务院各部门（包括具有行政管理职能的直属机构）根据法律和国务院的行政法规、决定、命令在本部门的权限内按照规定的程序所制定的规定、办法、细则、规则等规范性文件的总称。部门规章之间、部门规章与地方政府规章之间具有同等效力，在各自的权限范围内施行。

2. 电梯行业的地方政府规章

地方政府规章是指由省、自治区、直辖市以及省级人民政府所在地的市、经济特区所在地的市和经国务院批准的较大的市的人民政府根据法律和法规，并按照规定的程序所制定的普遍适用于本行政区域的规定、办法、细则、规则等规范性文件的总称。如:《广州市电梯安全管理办法》等。

（四）安全技术规范

特种设备安全技术规范（以下简称TSG），是指国家市场监督管理总局依据《中华人民共和国特种设备安全法》《特种设备安全监察条例》所制定并且颁布的技术规范，主要包括特种设备安全性能、能效指标以及相应的生产（包括设计、制造、安装、改造、修理，下同）、经营、使用和检验、检测等活动的强制性基本安全要求、节能要求、技术和管理措施等内容。安全技术规范是特种设备法规标准体系的重要组成部分，其作用是将特种设备有关的法律、法规和规章的原则规定具体化。

特种设备安全技术规范包括:《电梯自行检测规则》（TSG T7008—2023）等。

（五）引用标准

GB/T 7588.1—2020《电梯制造与安装安全规范》、GB 16899—2011《自动扶梯和自动人行道的制造与安装安全规范》、GB/T 10059—2023《电梯试验方法》、GB/T 21739—2008《家用电梯制造与安装规范》、GB/T 10058—2023《电梯技术条件》等。

学习笔记

项目实施

（一）项目分组

根据班级实际情况，4人一组，小组成员分别担任电梯生产公司人员、电梯维保公司人员、物业管理人员和乘客角色，模拟电梯在生产、维保、使用过程出现的法律法规问题，展开讨论。分组完成后，讨论制订组名、组言和小组LOGO，营造小组凝聚力和文化氛围，并确定任务分工，项目分组表见表4-1。

表4-1　项目分组表

组名	小组LOGO	组言	团队成员	学号	角色指派	问题
					电梯生产工作人员	
					电梯维保公司人员	
					物业管理人员	
					乘客	

（二）模拟演练

任务1：模拟记录特种设备使用单位建立特种设备安全技术档案。

任务2：讨论从事特种设备监督检验、定期检验的特种设备检验机构，应当具备哪些条件？

（三）案例分析

2024年1月15日，某区某人民医院电梯采购及安装工程发生一起高处坠落事故，造成1人死亡，直接经济损失200万元。

案发经过：2024年1月15日7时，某电梯有限公司工人谢某（男，43岁）和梁某两人为一安装班组在某人民医院电梯采购及安装工程二号楼四楼更换电梯口的防护栏杆。谢

学习笔记

某和梁某两人一同更换好右侧电梯口厅门防护栏杆后，梁某在右侧电梯口厅门防护处系挂帆布，谢某则去移动中间电梯需要更换的涉事厅门防护栏杆。

7时40分许，背对谢某进行系挂帆布作业的梁某突然听到物体撞击声音，转身发现只有需更换的厅门防护栏杆呈折叠状态半靠在中间电梯口一侧的墙体上，于是用头灯向电梯井内查看，发现谢某已经从四楼北侧中间电梯口掉落至地下三层电梯井底坑（高度约31.3米）。

事故原因分析：

某人民医院原因：____

____

电梯安装施工单位原因：____

____

电梯安装分包单位原因：____

____

电梯安装监理单位原因：____

____

电梯安装施工工人原因：____

____

预防措施：____

____

项目评价

完成项目后根据学生自评、小组互评和教师评价填写表4-2项目实施评价表。

表4-2　项目实施评价表

序号	评价内容	评分标准	配分	学生自评	小组互评	教师评价
1	特种设备法律法规体系基本讲解	知识讲解是否全面，是否能够引起学生重视	20分			
2	操作示范	操作示范是否标准，是否能够正确引导学生	20分			
3	模拟演练	模拟演练是否贴近实际，是否能够提高学生的实际操作能力	30分			
4	安全意识	学生是否能够树立正确的安全意识	30分			
合计			100分			

注：违反安全操作规程，造成安全事故，本项目不得分。

能力测试

1．判断题

（1）《特种设备安全法》规定：对违反操作规程的特种设备作业人员，应根据其违

学习笔记

反规程的性质及后果，追究其经济、行政，直至法律上的责任。 ( )

(2)《特种设备安全法》规定：特种设备安全管理人员、检测人员和作业人员应当按照国家有关规定取得相应资格，方可从事相关工作。 ( )

(3)《特种设备安全法》规定：特种设备安全管理人员、检测人员和作业人员应当严格执行安全技术规范和管理制度，保证特种设备安全。 ( )

(4)《特种设备安全法》颁布后，特种设备必须投保安全责任保险。 ( )

(5)制定《特种设备安全法》的目的是强化特种设备安全工作，预防特种设备事故，保障人身和财产安全，促进经济社会发展。 ( )

2. 选择题

(1)《特种设备安全法》是全国人大颁布的( )。

A. 法律 B. 行政法规 C. 安全技术规范 D. 标准

(2)《特种设备安全法》所称的县级以上地方特种设备安全监督管理部门，在现行体制下是指( )。

A. 应急管理部门 B. 市场监管部门 C. 交运管理部门 D. 其他部门

(3)《特种设备安全法》规定：国家支持有关特种设备安全的科学技术研究，鼓励先进技术和先进管理方法的推广应用，对做出突出贡献的单位和个人给予( )。

A. 表彰 B. 表扬 C. 奖励 D. 鼓励

(4)《特种设备安全法》规定：特种设备生产使用单位的( )，对本单位的特种设备安全负责。

A. 书记 B. 主要负责人 C. 厂长 D. 总经理

(5)《特种设备安全法》规定：特种设备生产、经营、使用单位及其主要负责人对其生产、经营、使用的特种设备( )负责。

A. 经济效益 B. 使用效率 C. 卫生状况 D. 安全

项目 2 电梯技术法规与标准

随着城市化进程的加速和高层建筑的不断涌现，电梯作为现代建筑中的重要垂直交通工具，其安全性、可靠性及智能化水平日益受到社会各界的广泛关注。为确保电梯行业的健康发展，保障人民群众生命财产安全，一系列电梯技术法规与标准应运而生。电梯技术法规与标准包括安全法规、制造与安装、维护保养、检验与检测、使用管理、技术标准以及物联网与智能化等方面。

项目目标

(一) 知识与技能

1. 掌握垂直电梯井道的部件、顶层高度与底坑深度等技术要求。
2. 掌握自动扶梯的基本主要参数、驱动系统与扶梯系统等技术要求。
3. 掌握电梯法规与标准知识。

学习笔记

（二）过程与方法

1. 通过学习电梯技术要求，系统掌握电梯技术法规与标准。

2. 能够掌握电梯技术法规与标准基本知识，将所学知识应用到实际情况中。

3. 通过案例分析和模拟演练，能够反思学习过程，提高电梯维修保养思维能力和安全生产意识。

（三）情感态度与价值观

1. 通过学习，能够自觉树立法规与标准观念，认识到电梯技术法规与标准的重要性，从而在日常工作中严格遵守技术法规与标准。

2. 激发学习者对电梯管理、维修、保养的责任感，以及对社会公共安全的使命感。

3. 提升对电梯技术法规与标准的学习兴趣和探索热情，能够积极参与团队学习活动，与同伴分享学习心得，共同解决技术法规与标准难题。

项目描述

截至2023年年底，全国电梯特种设备总量达2 128.91万台。我国电梯年产量、在用电梯拥有量以及年增长量均为世界第一，也是当今世界上电梯市场发展速度最快的国家。随着我国经济的快速发展，社会进步和人们生活水平的提高，电梯已经作为城市生活的必需品走进了人们的生产和生活中，人们对电梯安全运行的追求也越来越高。

本项目旨在让学生掌握电梯的技术法规与标准，服务电梯行业发展需求。在现代化城市中，电梯作为高层建筑不可或缺的重要设施，其安全性与可靠性直接关系到公众的生命财产安全。因此，掌握电梯技术法规与标准，不仅是电梯行业从业人员的基本要求，也是保障社会和谐稳定的重要举措。

（一）项目分析

电梯是指服务于建筑物内若干特定的楼层，其轿厢运行在至少两列垂直于水平面或与铅垂线倾斜角小于15° 的刚性轨道运动的永久运输设备。自动扶梯是由一台特种结构形式的链式输送机和两台特殊结构形式的胶带输送机所组合而成，带有循环运动梯路，用以在建筑物的不同层高间向上或向下倾斜输送乘客的固定电力驱动设备。广泛用于车站、码头、商场、机场和地铁等人流集中的地方。

涉及的法规与标准包括：GB/T 7588.1—2020《电梯制造与安装安全规范》、GB/T 10058—2023《电梯技术条件》、GB 16899—2011《自动扶梯和自动人行道的制造与安装安全规范》等。法规与标准详细规定了电梯制造、安装过程中的技术要求、检验标准以及质量控制等方面的内容。掌握这些规范，有助于确保电梯产品在设计、材料选用、工艺流程、安装调试等方面均达到规定的安全标准和质量要求。

（二）项目引导

引导问题1：自动扶梯扶手带的材料，主要有哪些？

学习笔记

引导问题2：特种设备使用单位在安全检验合格有效期届满前1个月，应向哪个机构提出定期检验要求？

引导问题3：电梯门光幕防夹人保护装置，由哪些部件组成？

知识链接

（一）电梯井道的封闭性要求

1．全封闭型的井道

建筑物中，要求井道有助于防止火焰蔓延，该井道应由无孔的墙、底板和顶板完全封闭起来。只允许有下述开口：

层门开口；通往井道的检修门、井道安全门以及检修活板门的开口；火灾情况下，气体和烟雾的排气孔；通风孔；井道与机房或与滑轮间之间必要的功能性开口；电梯之间隔板上的开孔。

2．部分封闭的井道

在不要求井道在火灾情况下用于防止火焰蔓延的场合，如与瞭望台、竖井、塔式建筑物联结的观光电梯等，井道不需要全封闭，但要满足以下要求：

① 在人员可正常接近电梯处，围壁的高度应足以防止人员：遭受电梯运动部件危害；直接或用手持物体触及井道中电梯设备而干扰电梯的安全运行。部分封闭的井道图如图4-2所示。

② 在层门侧的高度不小于3.50 m；

③ 其余侧，当围壁与电梯运动部件的水平距离为最小允许值0.50 m时，高度不应小于2.50 m；若该水平距离大于0.50 m时，高度可随着距离的增加而减少；当距离等于2.00 m时，高度可减至最小值1.10 m。围壁应是无孔的；围壁距地板、楼梯或平台边缘最大距离为0.15 m；应采取措施防止由于其他设备干扰电梯的运行；对露天电梯，应采取特殊的防护措施，例如，沿建筑物外墙安装的附壁梯。

学习笔记

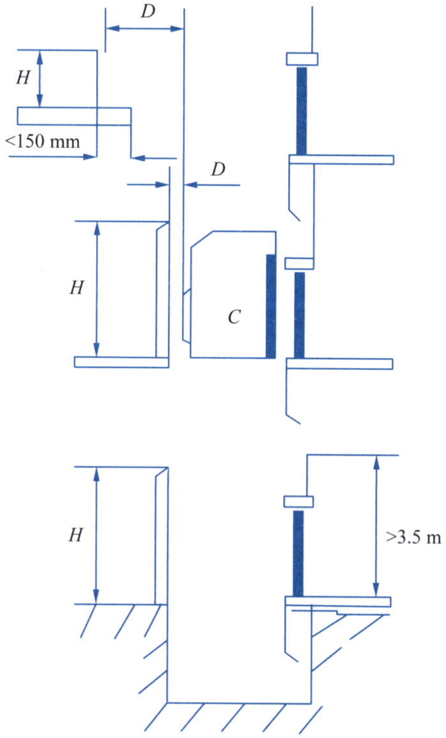

C—轿厢；H—围壁高度；D—与电梯运行部件的距离

图 4-2　部分封闭的井道图

3．检修门、井道安全门和检修活板门

通往井道的检修门、井道安全门和检修活板门，除因使用人员的安全或检修需要外，一般不应采用。检修门的高度不得小于1.40 m，宽度不得小于0.60 m。井道安全门的高度不得小于1.80 m，宽度不得小于0.35 m。检修活板门的高度不得大于0.50 m，宽度不得大于0.50 m。当相邻两层门地坎间的距离大于11 m时，其间应设置井道安全门，以确保相邻地坎间的距离不大于11 m。

检修门、井道安全门和检修活板门均不应向井道内开启。检修门、井道安全门和检修活板门均应装设用钥匙开启的锁。当上述门开启后，不用钥匙亦能将其关闭和锁住。检修门与井道安全门即使在锁住情况下，也应能不用钥匙从井道内部将门打开。只有检修门、井道安全门和检修活板门均处于关闭位置时，电梯才能运行。检修门、井道安全门和检修活板门均应无孔，并应具有与层门一样的机械强度，且应符合相关建筑物防火规范的要求。

4．井道的通风

井道应适当通风，井道不能用于非电梯用房的通风。在没有相关的规范或标准情况下，建议井道顶部的通风口面积至少为井道截面积的1%。

5．井道壁、底面和顶板

井道结构应符合国家建筑规范的要求，并应至少能承受下述载荷：主机施加的；轿厢偏载情况下安全钳动作瞬间经导轨施加的；缓冲器动作产生的；由防跳装置作用的，以及轿厢装卸载所产生的载荷等。

学习笔记

（1）井道壁的强度

为保证电梯的安全运行，井道壁应具有下列的机械强度，即用一个300 N的力，均匀分布在5 cm的圆形或方形面积上，垂直作用在井道壁的任一点上，应无永久变形，弹性变形不大于15 mm。人员可正常接近的玻璃门扇、玻璃面板或成形玻璃板，均应用夹层玻璃制成。

（2）底坑底面的强度

底坑的底面应能支撑每根导轨的作用力（悬空导轨除外）：由导轨自重再加安全钳动作瞬间的反作用力。轿厢缓冲器支座下的底坑地面应能承受满载轿厢静载4倍的作用力，即4g（$P+Q$），其中：P为空轿厢和由轿厢支承的零部件的质量，如部分随行电缆、补偿绳或链（若有）等的质量和，kg；Q为额定载重量，kg；g为标准重力加速度，9.81 m/s^2。

（3）顶板强度

对无需承受规定载荷的顶板，在其悬挂导轨情况下，每个悬挂点应至少能承受1 000 N（约102 kg）的静载荷。

（4）面对轿厢入口的层门与电梯井道壁的结构

面对轿厢入口的层门与井道壁或部分井道壁的要求，适用于井道的整个高度。每个层门地坎下的电梯井道壁应符合下列要求：应形成一个与层门地坎直接连接的垂直表面，它的高度不应小于1/2的开锁区域加上50 mm，宽度不应小于门入口的净宽度两边各加25 mm。这个表面应是连续的，由光滑而坚硬的材料构成。如金属薄板，它能承受垂直作用于其上任何一点均匀分布在5 cm圆形或方形截面上的300 N的力。该井道壁任何凸出物均不应超过5 mm。超过2 mm的凸出物应倒角，倒角与水平的夹角至少为75°。

此外，该井道壁应连接到下一个门的门楣，采用坚硬光滑的斜面向下延伸，斜面与水平面的夹角至少为60°，斜面在水平面上的投影不应小于20 mm。

6．位于轿厢与对重（或平衡重）下部空间的防护

如果轿厢与对重（或平衡重）之下确有人能够到达的空间，井道底坑的底面至少应按5 000 N/m^{2}载荷设计。

7．井道内的防护

对重（或平衡重）的运行区域应采用刚性隔障防护，该隔障从电梯底坑地面上不大于0.30 m处向上延伸到至少2.50 m的高度。其宽度应至少等于对重（或平衡重）宽度两边各加0.10 m。在装有多台电梯的井道中，不同电梯的运动部件之间应设置隔障。这种隔障应至少从轿厢、对重（或平衡重）行程的最低点延伸到最低层站楼面以上2.50 m高度。宽度应能防止人员从一个底坑通往另一个底坑。如果轿厢顶部边缘和相邻电梯的运动部件[轿厢、对重（或平衡重）]之间的水平距离小于0.50 m，这种隔障应该贯穿整个井道。其宽度应至少等于该运动部件或运动部件的需要保护部分的宽度每边各加0.10 m。

8．顶层空间和底坑

（1）曳引驱动电梯的顶部间距

当对重完全压在它的缓冲器上时，应同时满足下面四个条件：①轿厢导轨长度应能提供不小于$0.1+0.035v^2$（m）的制停距离。其中，v为电梯的额定速度，0.1为安全钳动作后的响应距离，$0.035v^2$为安全钳制停轿厢所需的附加距离。②轿顶最高面积的水平面，与位于轿厢投影部分井道顶最低部件的水平面（包括梁和固定在井道顶下的零部件）之间的自由垂直距离不应小于$1.0+0.035v^2$（m）；③固定在轿厢顶上的设备的最高部件之间

学习笔记

的自由垂直距离，不应小于0.3+0.035v（m）。④导靴或滚轮、曳引绳附件和垂直滑动门的横梁或部件的最高部分之间的自由垂直距离不应小于0.1+0.035v（m）。轿厢上方应有足够的空间，该空间的大小以能容纳一个不小于0.50 m×0.60 m×0.80 m的长方体为准，任一平面朝下放置即可。

（2）强制驱动电梯的顶部间距

轿厢从顶层向上直到撞击上缓冲器时的行程不应小于0.50 m，轿厢上行至缓冲器行程的极限位置时应一直处于有导向状态。

（3）底坑

井道下部应设置底坑，除缓冲器座、导轨座以及排水装置外，底坑的底部应光滑平整，底坑不得作为积水坑使用。在导轨、缓冲器、栅栏等安装竣工后，底坑不得漏水或渗水。如果底坑深度大于2.50 m且建筑物的布置允许，应设置进底坑的门。底坑内应有停止装置，该装置应在打开门去底坑时和在底坑地面上容易接近；井道灯的开关，在开门去底坑时应易于接近。

9．电梯井道的专用

电梯井道应为电梯专用，井道内不得装设与电梯无关的设备、电缆等。井道内允许装设采暖设备，但不能用蒸气和高压水加热，采暖设备的控制与调节装置应装在井道外面。

10．井道照明

井道应设置永久性的电气照明装置，即使在所有的门关闭时，在轿顶面以上和底坑地面以上1 m处的照度均至少为50 lx。照明应这样设置：距井道最高和最低点0.50 m以内各装设一盏灯，再设中间灯。对于采用部分封闭井道，如果井道附近有足够的电气照明，井道内可不设照明。

11．紧急解困

如果在井道中工作的人员存在被困危险，而又无法通过轿厢或井道逃脱，应在存在该危险处设置报警装置。

（二）机房要求及标准

电梯驱动主机及其附属设备和滑轮应设置在一个专用房间内，该房间应有实体的墙壁、房顶、门和活板门，只有经过批准的人员（维修、检查和营救人员）才能接近。

1．通道

通往机房和滑轮间的通道应设永久性电气照明装置，以获得适当的照度；任何情况均能完全安全、方便地使用，而不需经过私人房间；应提供人员进入机房和滑轮间的安全通道；应优先考虑全部使用楼梯，如果不能用楼梯，可以使用符合条件的梯子。

2．机房的结构和设备

强度和地面。机房结构应能承受预定的载荷和力。机房要用经久耐用和不易产生灰尘的材料建造。机房地面应采用防滑材料，如抹平混凝土、波纹钢板等。

尺寸。机房应有足够的尺寸，以允许人员安全和容易地对有关设备进行作业，尤其是对电气设备的作业。特别是工作区域的净高不应小于2 m。为了对运动部件进行维修和检查，在必要的地点以及需要人工紧急操作的地方，要有一块不小于0.50 m×0.60 m的水平净空面积；供活动的净高度不应小于1.80 m。净空场地的通道宽度不应小于0.50 m，在没有运动部件的地方，此值可减少到0.40 m。

门和检修活板门。通道门的宽度不应小于0.60 m，高度不应小于1.80 m，且门不得向房内开启。供人员进出的检修活板门，其净通道尺寸不应小于0.80 m × 0.80 m，且开门后能保持在开启位置。所有检修活板门，当处于关闭位置时，均应能支撑两个人的体重，每个人按在门的任意0.20 m × 0.2 m面积上作用1 000 N的力，门应无永久变形。当检修活板门开启时，应有防止人员坠落的措施（如设置护栏）。门或检修活板门应装有带钥匙的锁，它可以从机房内不用钥匙打开。

其他开口。楼板和机房地板上的开孔尺寸，在满足使用前提下应减到最小。为了防止物体通过位于井道上方的开口，包括通过电缆用的开孔坠落的危险，必须采用圈框，此圈框应凸出楼板或完工地面至少50 mm。

通风。机房应有适当的通风，同时必须考虑到井道通过机房通风从建筑物其他处抽出的陈腐空气不得直接排入机房内。应保护诸如电机、设备以及电缆等，使它们尽可能不受灰尘、有害气体和湿气的损害。

照明和电源插座。机房应设有永久性的电气照明，地面上的照度不应小于200 lx。在机房内靠近入口（或多个入口）处的适当高度应设有一个开关，控制机房照明。

设备的搬运。在机房顶板或横梁的适当位置上，应装备一个或多个适用的具有安全工作载荷标示的金属支架或吊钩，以便起吊重载设备。

（三）层门

进入轿厢的井道开口处应装设无孔的层门，门关闭后，门扇之间及门扇与立柱、门楣和地坎之间的间隙应尽可能小。对于乘客电梯，此运动间隙不得大于6 mm。对于载货电梯，此间隙不得大于8 mm。由于磨损，间隙值允许达到10 mm。如果有凹进部分，上述间隙从凹底处测量。

1. 门及其框架的强度

（1）门及其框架的结构应在经过一定时间使用后不产生变形，为此，宜采用金属制造。

（2）火灾情况下的性能。如建筑物需要电梯层门具有防火性能，该层门应按GA 109—1995进行试验。

（3）机械强度。层门及其门锁在锁住位置时应有这样的机械强度：即用300 N的力垂直作用于该层门的任何一个面上的任何位置，且均匀地分布在5 cm的圆形或方形面积上时，应保证无永久变形，弹性变形不大于15 mm；试验期间和试验后，门的安全功能不受影响。在水平滑动门和折叠门主动门扇的开启方向，以150 N的人力（不用工具）施加在一个最不利的点上时，间隙可以大于6 mm，但不得大于下列值：对旁开门，30 mm；对中分门，总和为45 mm。玻璃门扇的固定方式应能承受本标准规定的作用力，而不损伤玻璃的固定件。

2. 层门入口的高度和宽度

层门入口的最小净高度为2 m。层门净入口宽度比轿厢净入口宽度在任一侧的超出部分均不应大于50 mm。

学习笔记

3．地坎、导向装置和门悬挂机构

地坎。每个层站入口均应装设一个具有足够强度的地坎，以承受通过它进入轿厢的载荷。

导向装置。层门的设计应防止正常运行中脱轨、机械卡阻或行程终端时错位。由于磨损、锈蚀或火灾原因可能造成导向装置失效时，应设有应急的导向装置使层门保持在原有位置上。水平滑动层门的顶部和底部都应设有导向装置。垂直滑动层门两边都应设有导向装置。垂直滑动层门的门扇应固定在两个独立的悬挂部件上。悬挂用的绳、链、皮带，其设计安全系数不应小于8。悬挂绳滑轮的直径不应小于绳直径的25倍。悬挂绳与链应加以防护，以免脱出滑轮槽或链轮。

4．与层门运动相关的保护

层门及其周围的设计应尽可能减少由于人员、衣服或其他物件被夹住而造成损坏或伤害的危险。为了避免运行期间发生剪切的危险，动力驱动的自动滑动门外表面不应有大于3 mm的凹进或凸出部分，这些凹进或凸出部分的边缘应在开门运行方向上倒角。

动力驱动门应尽量减少门扇撞击人的有害后果。

5．局部照明和“轿厢在此”指示灯

① 局部照明。在层门附近，层站上的自然或人工照明在地面上的照度不应小于50 lx，以便使用人员在打开层门进入轿厢时，即使轿厢照明发生故障，也能看清其前面的区域。

②“轿厢在此”指示灯。如果层门是手动开启的，使用人员在开门前，必须能知道轿厢是否停靠在那里。为此应安装下列之一：符合以下全部条件的一个或几个透明视窗。最小厚度为6 mm；每个层门装玻璃的面积不得小于0.015 m^2，每个视窗的面积不得小于0.01 m^2；宽度不小于60 mm，且不大于150 mm；对于宽度大于80 mm的视窗，其下沿距地面不得小于1 m。或一个发光的“轿厢在此”信号灯，它只能当轿厢即将停在或已经停在特定的楼层时燃亮。在轿厢停留在特定楼层的时候，该信号应保持点亮。

6．层门锁紧和闭合的检查

（1）对坠落危险的保护

在正常运行时，应不能打开层门（或多扇层门中的任意一扇），除非轿厢在该层门的开锁区域内停止或停站。开锁区域不应大于层站地平面上下0.2 m。在用机械方式驱动轿门和层门同时动作的情况下，开锁区域可增加到不大于层站地平面上下的0.35 m。

（2）对剪切的保护

如果一个层门或多扇层门中的任何一扇门开着，在正常操作情况下，应不能启动电梯或保持电梯继续运行，然而，可以进行轿厢运行的预备操作。层门的上门框与轿厢地面之间的净高度在任何位置时均不得小于2 m。

（3）锁紧和紧急开锁

① 锁紧

轿厢运动前应将层门有效地锁紧在闭合位置上，但层门锁紧前，可以进行轿厢运行的预备操作，层门锁紧必须由一个符合电气安全的装置来证实。

轿厢应在锁紧元件啮合不小于7 mm时才能启动。门锁装置应有防护，以避免可能妨碍正常功能的积尘危险。当门锁触点放在盒中时，盒盖的螺钉应为不可脱落式的。在打开盒盖时，它们应仍留在盒或盖的孔中。

学习笔记

②紧急开锁

每个层门均应能从外面借助于一个规定的开锁三角孔相配的钥匙将门开启。

（4）证实层门闭合的电气装置

每个层门应设有符合要求的电气安全装置，以证实它的闭合位置。

（5）用来验证层门锁紧状态和闭合状态装置的共同要求

在门打开或未锁住的情况下，从人们正常可接近的位置，用单一的不属于正常操作程序的动作应不可能开动电梯。验证锁紧元件位置的装置必须动作可靠。

（6）机械连接的多扇滑动门

如果滑动门是由数个直接机械连接的门扇组成，若只锁紧一扇门，则应采用钩住重叠式门的其他闭合门扇的方法，使单一门扇的锁紧能防止其他门扇的打开。

（7）动力驱动的自动门的关闭

正常操作中，若电梯轿厢没有运行指令，则根据在用电梯客流量所确定的必要的一段时间后，动力驱动的自动层门应关闭。

（8）结构尺寸复核

电梯进场安装前应先行对电梯井道结构尺寸进行全面检查，垂直、平整、空间尺寸是否满足安装需求。以免在安装过程中因井道尺寸问题产生后续的施工困难。

项目实施

（一）项目分组

根据班级实际情况，4人一组，小组成员分别担任电梯工作人员角色，模拟电梯制造与安装安全规范操作过程。分组完成后，小组讨论制订组名、组言和小组LOGO，营造小组凝聚力和文化氛围，并确定任务分工，项目分组表见表4-3。

表4-3　项目分组表

组名	小组LOGO	组言	团队成员	学号	角色指派	职责
					电梯工作人员	
					电梯工作人员	
					电梯工作人员	
					电梯工作人员	

（二）分组实施

作为电梯工作人员，请根据电梯技术法规与标准基本知识，制定电梯安装过程中的技术要求、检验标准以及质量控制等方面的内容。

请根据GB/T 7588.1—2020《电梯制造与安装安全规范》、GB/T 10058—2023《电梯技术条件》、GB 16899—2011《自动扶梯和自动人行道的制造与安装安全规范》等技术法规与标准，制定电梯井道的封闭性要求、层门的技术标准。

（三）模拟演练

任务1：模拟制定部分封闭的井道安装技术要求及标准。

学习笔记

任务2：模拟制定门和检修活板门安装技术要求及标准。

（四）案例分析

2024年3月12日12时20分左右，在某市某区某局宿舍C栋二单元电梯加装工程项目工地，发生一起机械伤害事故，造成1人死亡，直接经济损失70万元。

事故发生经过：2024年3月12日上午10时，事故死者杨某与王某在某局宿舍C栋二单元加装电梯工程项目进行雨棚安装作业。12时10分，C栋二单元的业主代表王某来到电梯处，告知杨某电梯门表面有划痕，需要处理划痕产生情况。12时15分，杨某打开电梯门，蹲在电梯门口使用锤子和螺丝刀敲打电梯门与电梯内墙之间的缝隙，尝试处理划痕产生情况。12时18分06秒，杨某处理问题无果后，起身在轿厢内按了3楼的电梯按钮后退出轿厢。12时18分36秒，电梯轿厢运行至3楼停靠后，杨某便使用电梯钥匙打开电梯门。12时18分50秒，杨某携带锤子、螺丝刀等工具进入电梯井道内处理划痕产生情况，同时告知工友王某关闭电梯门。电梯门关闭后，电梯楼层显示灯开始闪烁，轿厢起动向下运行。12时19分16秒，电梯井内发出声响，站在一楼电梯外的王某、王某、吕某三人察觉电梯井内发生异常情况。12时19分20秒，王某使用电梯钥匙打开电梯门，发现轿厢卡在一楼与二楼层站之间未能正常停靠，王某向电梯井内呼喊杨某未收到回应。

学习笔记

事故原因分析：
某局原因：____
____
电梯安装施工单位原因：____
____
电梯安装监理单位原因：____
____
电梯安装施工工人原因：____
____
预防措施：____
____

项目评价

完成项目后根据学生自评、小组互评和教师评价填写表4-4项目实施评价表。

表4-4　项目实施评价表

序号	评价内容	评分标准	配分	学生自评	小组互评	教师评价
1	电梯技术法规与标准知识讲解	知识讲解是否全面，是否能够引起学生重视	20分			
2	操作示范	操作示范是否标准，是否能够正确引导学生	20分			
3	模拟演练	模拟演练是否贴近实际，是否能够提高学生的实际操作能力	30分			
4	安全意识	学生是否能够树立正确的安全意识	30分			
合计			100分			

注：违反安全操作规程，造成安全事故，本项目不得分。

能力测试

1. 判断题

（1）轿厢到站平层时，平层允许偏差为 ±10 mm。平层保持精度应为 ±20 mm 以内。（　　）

（2）主动轮和从动轮之间的皮带，在运动中一侧皮带是松边，另一侧皮带是紧边。（　　）

（3）严禁站在自动扶梯盖板上。（　　）

（4）禁止在自动扶梯进出口处停留和玩耍。（　　）

（5）严禁将头和身体、肢体探出自动扶梯扶手带外。（　　）

2. 选择题

（1）【多选题】根据《电梯制造与安装安全规范》的规定，试述曳引轮和被制动

学习笔记

部件之间可用下列哪种方式联接。(　　)

A. 键　B. 皮带　C. 链条　D. 链轮

(2)【单选题】无齿轮搭配永磁同步电动机的曳引机，相比传统曳引机，具有(　　)等优点。

A. 体积小、重量轻　B. 能耗低

C. 噪音小　D. 载重量较大

(3)【单选题】(　　)能让电梯处于检修慢行挡位，使电梯能在机房、轿内、轿顶操控电梯，以慢车速度运行。

A. 检修开关　B. 底坑停止开关

C. 过载保护装置　D. 直流电动机的弱磁保护

(4)【多选题】工作结束跨出轿顶前，要在层门保持打开状态下，将(　　)恢复到运行状态。

A. 轿顶检修开关　B. 急停开关　C. 安全钳开关　D. 门机开关

(5)【多选题】电梯主电源关闭时，不会切断(　　)等供电。

A. 电梯照明和通风　B. 电源插座　C. 电动机电源　D. 报警装置

拓展阅读

法治引领下的电梯行业：法律意识与职业道德规范

党的十八大以来，社会主义法治国家建设深入推进，全面依法治国取得历史性成就、发生历史性变革，法治中国建设开创新局面。作为电梯行业从业人员，我们不仅需要具备扎实的专业技术能力、恪守职业道德规范，还要熟悉并遵守国家关于电梯行业管理的法律法规、安全技术规范和引用标准。树牢法律法规意识和职业道德规范是维护电梯运行安全、保障产品质量、促进电梯行业健康发展的基础。

从电梯法律基础、电梯技术法规与标准、《电梯维护保养规则》(TSG T5002—2017)三个方面熟悉电梯行业相关的法律法规、安全技术规范和引用标准，建立起法律法规意识和职业道德规范意识。

法治兴则国兴，法治强则国强。在电梯行业高质量发展新征程上，我们要不断学习电梯行业的法律知识，严格执行规章制度。具备法治素养，增强法治意识，厚植法治文化，提升法律意识，做社会主义法治的忠实崇尚者、自觉遵守者、坚定捍卫者，共同促进电梯行业综合治理，为中国法治文明建设作出贡献。

模块五

电梯企业认知

学习笔记

中国电梯企业可以分为多个梯队，主要由外资品牌、中外合资品牌和本土品牌三种组成。根据调研得知中国电梯行业整机制造企业有600余家，按品牌影响力大体可分为三大梯队：第一梯队为十几家外资和中外合资品牌电梯，包括上海三菱电梯有限公司、奥的斯（OTIS）电梯公司、日立（中国）电梯有限公司、迅达（中国）电梯有限公司、通力电梯有限公司、蒂森克虏伯电梯股份有限公司、东芝电梯（中国）有限公司、华升富士达电梯有限公司等；第二梯队为康力电梯股份有限公司、江南嘉捷电梯股份有限公司、广州广日电梯工业有限公司、快意电梯股份有限公司、申龙电梯股份有限公司、浙江梅轮电梯股份有限公司、西继迅达电梯有限公司、东南电梯股份有限公司等优秀民族品牌；第三梯队为其他国内中小型民营电梯企业。

项目1 国内电梯企业认知

中国国内电梯品牌包括东南电梯股份有限公司、广州广日电梯工业有限公司、快意电梯股份有限公司、康力电梯股份有限公司、申龙电梯股份有限公司、森赫电梯股份有限公司、菱王电梯有限公司、杭州西奥电梯有限公司。从区域分布来看，江苏省和广东省的企业数量较多，分别有3家企业跻身全球前十。此外，浙江玛拓驱动设备有限公司、嘉联电梯有限公司和嵊州市特种链轮有限公司等企业也在中国电梯行业中占有一席之地。

项目目标

（一）知识与技能

1. 认识国内知名电梯企业相关信息。
2. 了解国内知名电梯企业典型工程项目。
3. 能够正确辨别国内电梯企业的标志。
4. 能够在网络中进行国内知名电梯地标查阅。

（二）过程与方法

1. 通过对国内电梯企业的认识，能够在现实生活中学习了解国内电梯企业动态。
2. 通过网络认识国内知名电梯企业地标，将所学知识应用到实际应用中。

学习笔记

（三）情感态度与价值观

1. 通过国内电梯企业的认知，掌握企业的动态，了解国家电梯行业发展趋势。
2. 养成独立思考的习惯，形成全面的学习和工作能力。

项目描述

本项目旨在掌握国内电梯企业的动态，能够通过电梯LOGO识别电梯公司名称；了解国内电梯各项典型工程项目，树立牢固电梯认知意识，建立对电梯品牌的热爱。图5-1为陆家嘴金融贸易区，位于浦东新区黄浦江畔，是上海一个主要的金融中心区，面对上海外滩，林立的高楼大厦使用国内永大电梯、通力电梯等品牌电梯。

图 5-1　上海浦东陆家嘴金融贸易区

（一）项目分析

中国电梯行业近年来发展迅速，已成为全球最大的电梯市场。全球70%的电梯在中国制造，60%～65%的电梯销售在中国市场。电梯保有量从2015年的52.9万台增长到2023年的155.7万台，年均复合增长率达14.45%，显示出强劲的增长势头。根据相关报告预测，到2027年，中国电梯行业市场规模有望达到7 090亿元，年均复合增长率约为6.7%。电梯行业的竞争格局较为激烈，主要由外资品牌和本土品牌共同构成。目前，合资品牌如上海三菱电梯有限公司、奥的斯（OTIS）电梯公司、日立（中国）电梯有限公司、迅达（中国）电梯有限公司、蒂森克虏伯电梯股份有限公司等占据了约70%的市场份额，而本土品牌如康力电梯股份有限公司、杭州西奥电梯有限公司、广州广日电梯工业有限公司等则占据了约30%的市场份额。

学习笔记

（二）项目引导

引导问题1：你知道什么国内电梯品牌？

引导问题2：你在日常生活中乘坐过什么国内电梯品牌？

引导问题3：你是否还记得你乘坐过的国内电梯品牌的LOGO？

知识链接

（一）菱王电梯股份有限公司

菱王电梯股份有限公司于2002年在佛山南海成立，是一家集研发、设计、生产、销售及安装、售后服务于一体的大型专业电梯制造企业，产品涵盖乘客电梯、观光电梯、医用电梯、载货电梯、杂物电梯、自动扶梯、自动人行道，是具有官方颁发的电梯制造、安装、改造和维修保养的A级资质，中国一线民族品牌电梯生产的佼佼者。2020年，菱王电梯股份有限公司与美的集团达成战略合作，并入广东美的暖通设备有限公司，旗下拥有数智电梯先行品牌LINVOL。

2024年10月国家知识产权局信息显示，菱王电梯有限公司取得一项名为“一种4比1电梯系统”的专利，授权公告号CN221876256U。本专利为一种4：1电梯系统，包括轿厢、轿厢牵引组件和对重，轿厢包括前轿架、后轿架、连接所述前轿架的顶部和所述后轿架的顶部的纵梁以及固定至所述纵梁的横梁；轿厢牵引组件包括安装至所述横梁的两个轿顶轮；对重设置于所述轿厢外的一侧，并位于所述前轿架和所述后轿架之间，且所述对重的横向中分面与所述轿厢的横向中分面共面。本专利的4：1电梯系统，在满足井道深度不足条件或贯通门设计需求的同时，还能够满足井道宽度不足条件或者较大中分

学习笔记

门的设计需求。图5-2为菱王电梯位于佛山市南海区狮山工业园的现代化生产基地，总占地面积66 600 m^2，可满足15 000台的年产量。菱王电梯建立了完善的全球化销售网络体系，在全国各省、市设有销售服务网点，产品远销东南亚、中东、欧洲、南美洲和非洲等40多个国家和地区。图5-3是菱王电梯LINVOL云馨“适老型”在老旧小区加装专用电梯。图5-4是广东增城东汇城的电梯项目，由菱王电梯承接安装和保养服务。

图 5-2　位于广东省佛山市狮山厂区图

图 5-3　标志性项目“LINVOL 云馨‘适老型’加装专用电梯”

学习笔记

图 5-4　标志性项目“广东增城东汇城”

（二）康力电梯股份有限公司

康力电梯股份有限公司成立于1997年，是集研发、制造、销售、工程、服务于一体的现代化专业电梯企业，拥有国家市场监督管理总局颁发的电梯制造（含安装、修理、改造）资质，通过欧洲CE认证、俄罗斯EAC认证、德国TUV认证等国际认证。公司注册资本79 800.217 7万元，员工5 100余人。公司成立以来，以“自主创新、品牌引领、产业报国”为己任，坚持围绕客户需求持续创新，在电梯整机及核心部件研发制造、营销网络、安装维保工程服务方面为客户提供有竞争力、安全可信赖的产品、服务和解决方案。

康力电梯总部位于长三角生态绿色一体化发展示范区先行启动区，拥有11家全资、控股子公司，在苏州、成都、中山建有4座智能制造基地，拥有国家级绿色工厂，总占地逾141万平方米，企业综合实力、产业规模、智能制造和数字化信息化管理水平居行业前茅。康力电梯视自主研发为核心要务，引领中国超高速电梯和超大高度自动扶梯技术的发展。公司建有中国电梯品牌首个国家认定企业技术中心，CNAS国家认可实验室，博士后科研工作站，江苏省高速电梯及关键部件工程技术研究中心、江苏省工业设计中心，和以全球超高288 m电梯试验塔为核心的4座试验塔测试平台，总高度、测试能力和科研成果均名列前茅，累计获得1 000余项技术专利，其中软件著作权30余项。率先自主研发成功国内首台3 m/s、4 m/s、7 m/s、8 m/s（含双轿厢）、10 m/s超高速电梯，及最大提升高度50.4 m重载自动扶梯。

2024年11月康力电梯新获得一项实用新型专利授权，专利名为“一种能保护电梯轨道的安全钳”，专利申请号为CN202420322848.5。本专利涉及安全钳技术领域，尤其是指一种能保护电梯轨道的安全钳，安全钳本体包括有上壳体与下壳体，上壳体与下壳体

学习笔记

之间通过固定杆连接；下壳体的内部开设有弧形形状的滑槽，滑槽的内壁转动连接有转轴，转轴的表层环绕连接有转动杆，转动杆的表层环绕连接有毛刷；转轴的底面固定连接有转盘，转盘表面与转动杆表面固定连接；滑槽朝向下壳体开口处设置有与其开口连通的缺口，毛刷通过缺口处于下壳体中间开口处；当该设备被电梯带动进行移动时，转盘随着电梯的移动进行转动，进而转盘带动转动杆、转轴进行转动，进而转轴带动毛刷对导轨的表面进行刷动，避免了油泥的在导轨的表面进行堆积，从而避免了堆积的油泥对安全钳本体的使用造成影响。图5-7为张家界天门山观光隧道天梯，由康力电梯生产和维保，帮助张家界天门山年度游客接待量2023年突破500万人次，为景区带来了显著的经济效益与社会效益，成就“康力电梯文旅新创想”的开山之作。图5-8和图5-9分别是重庆江北国际机场T3B航站楼和深圳星展广场，均使用康力电梯。

图 5-5　康力电梯总部位于长三角生态绿色一体化发展示范区

图 5-6　康力电梯

图 5-7　张家界天门山观光隧道天梯

学习笔记

图 5-8　标志性项目“重庆江北国际机场 T3B 航站楼”

图 5-9　标志性项目“深圳星展广场”

项目实施

（一）项目分组

根据班级实际情况，2人一组（建议以同桌组队），进行国内电梯企业认识学习过程。分组完成后，小组讨论制订组名、组言和小组LOGO，营造小组凝聚力和文化氛围，并确定任务分工，填写表5-1项目分组表。

表5-1　项目分组表

组名	小组LOGO	组言	团队成员	学号	角色指派	职责

学习笔记

（二）分组实施

请同学们通过查阅资料，完成以下国内著名电梯公司LOGO的填写。

（　　）　　（　　）

（　　）　　（　　）

（　　）　　（　　）

（　　）　　（　　）

参考答案：菱王电梯、恒达富士电梯、广日电梯、巨龙电梯、康力电梯、辛格林电梯、珠江富士电梯、快意电梯。

以上的电梯公司，主要从事_________（A．生产制造　B．安装、改造、维修保养）。

（三）模拟演练

根据自身认知，简单介绍自身了解的国内电梯企业。

学习笔记

项目评价

完成项目后根据学生自评、小组互评和教师评价填写表5-2项目实施评价表。

表5-2　项目实施评价表

序号	评价内容	评分标准	配分	学生自评	小组互评	教师评价
1	电梯LOGO填写	能够正确填写国内电梯LOGO	30分			
2	国内电梯认知	结合自身了解填写国内电梯认知	30分			
3	现场口述	根据实际填写内容，清晰明确口述出国内电梯认知	40分			
合计			100分			

备：违反安全操作规程，造成安全事故，本项目不得分。

能力测试

1．判断题

（1）菱王电梯总部位于佛山市南海区狮山镇狮山科技工业园北园，是高新区佛山高新区的核心园区，总占地100亩。（　　）

（2）广日电梯始建于1956年，从1973年制造出第一台电梯开始，已有近40年的电梯制造历史。（　　）

（3）康力电梯股份有限公司入选2019—2024年度江苏省文明单位候选名单。（　　）

（4）快意电梯股份有限公司成立于1998年，总部位于广东中山，是一家专注于电梯产品设计、制造及技术研发的国家高新技术企业。（　　）

（5）珠江富士电梯（中国）有限公司前身“南海市珠江电梯厂”是珠三角最早期

学习笔记

的专业电梯制造企业，也是佛山地区第一家电梯厂。（　）

2．选择题

（1）自（　）成立以来，以建树民族品牌为己任，企业、产品及技术发展稳步上升，达到了国内的领先水平，有些甚至达到国际先进水平。

A．奥的斯（OTIS）电梯公司　B．日立（中国）电梯有限公司

C．康力电梯股份有限公司　D．迅达（中国）电梯有限公司

（2）广州广日电梯工业有限公司作为（　）企业——广州工业投资控股集团有限公司旗下上市公司广日股份的核心支柱企业，注册资本6.31亿元，共有员工2 200余人。

A．世界100强　B．世界200强

C．世界300强　D．世界500强

（3）苏州江南嘉捷电梯股份有限公司（原名苏州江南电梯厂有限公司）简称SJEC，成立于（　）年，SJEC是一家拥有高科技电梯和自动扶梯、自动人行道技术的上市公司。

A．1992　B．1993　C．1994　D．1995

（4）（多选题）杭州奥立达电梯有限公司始创于1993年，2000年转制，总部位于环境优美的杭州建德新安江畔，是一家集电梯（　）、（　）、（　）、（　）、安装及售后服务为一体的现代化综合型电梯制造服务商。

A．设计　B．研发　C．制造　D．销售

（5）2012年，杭州西奥电梯有限公司总投资5亿元人民币，学习美国现场管理经验和日本精益制造理念，布局配备先进电梯制造设备的专业电扶梯制造基地，年产能达（　）台/套。

A．50 000　B．60 000　C．70 000　D．80 000

项目2 国际电梯企业认知

自1980年北京电梯厂、上海电梯厂与瑞士迅达集团合资成立了中国迅达电梯有限公司以来，外资品牌的进入为国内电梯行业带来了先进的技术和管理经验，同时也促进了国内电梯行业的发展。随着时间的推移，一些国内企业开始尝试自主研发和生产电梯，逐渐形成了民族自主品牌。然而，外资品牌凭借其技术优势和市场推广，占据了国内电梯市场的大部分份额，而民族自主品牌则占据了相对较小的市场份额。中国国际合资电梯品牌包括上海三菱、通力电梯、日立（中国）电梯、蒂森、奥的斯（中奥集团）、西子奥的斯、沃克斯、东芝等。

项目目标

（一）知识与技能

1．了解国际知名电梯企业相关信息。

2．了解国际知名电梯企业在国内典型工程项目。

学习笔记

3. 能够正确辨别国际电梯企业的标志。

4. 能够在网络中进行国际知名电梯地标查阅。

（二）过程与方法

1. 通过对国际电梯企业的认识，能够在现实生活学习中了解国际电梯企业动态。

2. 通过网络认识国际知名电梯企业地标，将所学知识应用到实际应用中。

（三）情感态度与价值观

1. 通过对国际电梯企业的认知，掌握企业的动态，了解合资电梯行业发展趋势。

2. 培养学生养成独立思考的习惯，形成全面的学习和工作能力。

项目描述

本项目旨让学生在掌握国际电梯企业的动态，能够通过电梯LOGO识别电梯公司名称；了解国际电梯企业在国内各项典型工程项目，建立对电梯品牌的热爱。同时，关注上海三菱电梯有限公司的企业文化，它的前身是上海航空工业中等技术学校、上海市劳动第一技工学校，在1969年两校合并建厂，成立长城机械厂。1981年改名为上海长城电梯厂，成为国内生产电梯的骨干企业之一。

（一）项目分析

电梯合资企业在国内电梯市场的占比大约为70%。这一比例反映了合资品牌在国内电梯市场中的主导地位和影响力。合资电梯企业的存在和发展，一方面得益于国内外资本的结合，另一方面也受益于国内外技术的交流和融合。这些合资企业通常由中方和外资方共同投资，共同管理，旨在利用各自的优势资源，提供高质量的电梯产品和服务。在国内电梯市场的竞争中，合资品牌虽然占据了一定的市场份额，这一现象反映了外资品牌在技术、品牌影响力、市场经验等方面的优势；不过，随着国内电梯技术的不断进步和民族品牌的崛起，自主品牌在国内和国际市场的地位和影响力也在逐渐提升。

（二）项目引导

引导问题1：你知道什么国际电梯品牌？

引导问题2：你在日常生活中乘坐过什么国际电梯品牌？

引导问题3：你是否还记得你乘坐过的国际电梯品牌的LOGO？

学习笔记

知识链接

（一）上海三菱电梯

上海三菱电梯有限公司成立于1987年1月，由上海机电股份有限公司和日本三菱电机株式会社等四方合资组成，是由中方控股和管理的中日合资大型电梯企业，是中国机械制造业和外商投资企业500强企业，也是中国机械工业核心竞争力十强企业。公司投资总额2亿美元，占地面积18.87万平方米，现有员工12 000余人。公司经过多年的创业与发展，已成为中国最大的电梯制造和销售企业之一。产品市场占有率已连续多年在中国电梯市场保持领先地位。2010年销售电梯突破4万台，创下了新的历史最高纪录，累计制造和销售电梯120万台。公司从1993年起连续二十多年实现的经济指标在中国电梯行业中名列前茅。2023年10月30日，上海三菱电梯有限公司经营范围发生变更，新增计算机软硬件及外围设备制造、物联网设备制造、服务消费机器人制造等。

上海三菱电梯有限公司发展战略目标是成为“国际区域性知名公司”，尽快进入世界知名电梯企业行列。为实现这一目标，上海三菱电梯有限公司将继续发扬“团结、敬业、自律、创新”精神，坚持以“超越自我，从零开始”为核心的企业文化，为发展中国电梯工业多作贡献。

图5-10、图5-11和图5-12分别为上海中心大厦、中央电视台新楼和深圳星河双子塔，它们的电梯均是由上海三菱电梯承担安装和维保。

图 5-10　标志性项目“上海中心大厦”

图 5-11　标志性项目“中央电视台新楼”

学习笔记

图 5-12　标志性项目“深圳星河双子塔”

（二）奥的斯电梯公司

奥的斯电梯公司是由世界电梯工业的发明者伊莱沙·格雷夫斯·奥的斯于1853年在美国创立。一百多年来，奥的斯电梯始终保持着电梯业界的领先地位，一直致力于研究、开发、制造、安装、维修、保养、更新改造电梯、自动扶梯、自动人行道等运输系统，是全球最大的电梯、扶梯及人行走道的供应商和服务商，其产品占全球市场份额的27%。有200多万部奥的斯产品在全球200多个国家和地区运转着。从纽约帝国大厦到巴黎埃菲尔铁塔；从迪拜哈利法塔到上海东方明珠电视塔；世界各国20座著名地标性建筑中，有12座使用了奥的斯电梯。

奥的斯电梯在华历史可追溯到1900年，奥的斯公司为上海和平饭店南楼（旧称汇中饭店）安装了其在中国的首部电梯。奥的斯在中国约有15 000名员工，在天津、杭州、重庆和嘉兴设有电梯和扶梯工厂。奥的斯上海研发中心是奥的斯全球规模最大的研发基地，致力于建立丰硕的创新资源，立足中国，服务全球。

1984年，奥的斯在中国成立了在华第一家合资企业。奥的斯旗下奥的斯与奥的斯机电两大品牌的产品遍及全国各地不同领域，包括轨道交通、机场、铁路站点等基础设施、商业楼宇、住宅，以及医院、观光建筑、会展中心等公共设施。在中国乃至全球诸多知名的高层地标建筑都有奥的斯电梯的身影，例如上海东方明珠塔、广州电视塔和银川丝路明珠塔。图5-13、图5-14分别为天津周大福金融中心和广州塔，它们的电梯安装与维保工作均由奥的斯电梯公司承担。

学习笔记

图 5-13　标志性项目“天津周大福金融中心”

图 5-14　标志性项目“广州塔”

（三）通力电梯

通力电梯于1910年成立于芬兰赫尔辛基，是全球最大的电梯自动扶梯自动人行道的生产供应商之一，全球最大的无机房电梯和无齿轮电梯生产供应商。现拥有雇员约35 000人，年销售额超过45亿欧元，在全球50个国家拥有200多个子公司。通力电梯是开发环保节能产品的先锋，是全球无齿轮电梯的领导者，无机房电梯的开启者。通力电梯在全球拥有80万台左右的电梯维保量，在全球运行的无齿轮电梯达到了38万台。通力进入中国市场二十多年以来取得了长足的发展，现已经成为中国电扶梯产业最大的供应商之一，拥有遍布全国的销售维保网络。在中国大陆承接了许多有影响力的电梯项目，如：中国国家大剧院、中国国家体育场中国北京奥运村，中国首都机场扩建、上海虹桥机场扩建、上海国际金融中心等知名的标志性项目。

自1996年进入中国以来，通力始终坚守“扎根中国、服务中国”的承诺。中国是通力

学习笔记

全球最大的单一市场。在2023年，其中国市场销售额占全球销售额约为26%。目前，通力在华实施“通力电梯”和“巨人通力电梯”双品牌战略。通力的昆山工业园，不仅是通力全球规模最大的生产基地，也是其在海外最大的研发中心，拥有通力全球最高的电梯地上测试塔。昆山工业园不仅满足国内市场的需求，还将产品出口到全球100多个国家和地区。通力与合作伙伴紧密携手，为中国的城市化以及社会的高质量发展做出了卓越的贡献。在中国最高的10座建筑中，有4座采用了通力的客流解决方案；同时，通力的客流解决方案还广泛应用于全国各类公共建筑项目，涵盖全国70多个机场，20多个城市的80多条轨道交通和70多个高铁站；也包括鸟巢国家体育场、国家大剧院等著名场馆。图5-15和图5-16分别是中信大厦和重庆来福士广场，其中的电梯安装与维保工作由通力电梯承担。

图 5-15　标志性项目“中信大厦”

图 5-16　标志性项目“重庆来福士广场”

学习笔记

项目实施

（一）项目分组

根据班级实际情况，2人一组（建议以同桌组队），进行国际电梯企业认识学习过程。分组完成后，小组讨论制订组名、组言和小组LOGO，营造小组凝聚力和文化氛围，并确定任务分工，项目分组表见表5-3。

表5-3 项目分组表

组名	小组LOGO	组言	团队成员	学号	角色指派	职责

（二）分组实施

请同学们通过查阅资料，完成以下电梯公司LOGO的填写。

TOSHIBA

（ ）

OTIS

（ ）

Schindler

（ ）

HITACHI

（ ）

（ ）

（ ）

学习笔记

KONE　　　　FUJITEC

（　　）　　　　（　　）

参考答案：奥的斯电梯、通力电梯、蒂森电梯、日立电梯、上海三菱电梯、迅达电梯、东芝电梯、富士达电梯。

以上的电梯公司，主要从事电梯__________（A．生产制造　B．安装、改造、维修保养）。

（三）模拟演练

根据自身认知，介绍了解的国际电梯企业。

项目评价

完成项目后根据学生自评、小组互评和教师评价填写项目实施评价表，见表5-4。

表5-4　项目实施评价表

序号	评价内容	评分标准	配分	学生自评	小组互评	教师评价
1	电梯LOGO填写	能够正确填写国际电梯LOGO	30分			
2	国际电梯认知	结合自身了解填写出国际电梯认知	30分			
3	现场口述	根据实际填写，并能够清晰明确口述出国际电梯认知	40分			
合计			100分			

注：违反安全操作规程，造成安全事故，本项目不得分。

学习笔记

能力测试

1．判断题

（1）上海三菱电梯有限公司成立于1987年1月，由上海机电股份有限公司和日本三菱电机株式会社等四方合资组成，是由中方控股和管理的中日合资大型电梯企业，是中国机械制造业和外商投资企业500强企业，也是中国机械工业核心竞争力十强企业。（　　）

（2）日立电梯（中国）有限公司，成立于1995年，总部设在深圳，注册资本53 880万元人民币，中方占30%的股份，日方占70%的股份。（　　）

（3）奥的斯电梯公司是由世界电梯工业的发明者伊莱沙·格雷夫斯·奥的斯于1953年在美国创立。一百多年来，奥的斯电梯始终保持着电梯业界的领先地位，一直致力于研究、开发、制造、安装、维修、保养、更新改造电梯、自动扶梯、自动人行道等运输系统，是全球最大的电梯、扶梯及人行走道的供应商和服务商，其产品占全球市场份额的27%。（　　）

（4）自1996年进入中国以来，通力始终坚守“扎根中国、服务中国”的承诺。中国是通力全球最大的单一市场。在2023年，中国市场销售额占全球销售额约为26%。目前，通力在华实施“通力电梯”和“巨人通力电梯”双品牌战略。（　　）

（5）2011年4月，蒂森克虏伯电梯在中国参与建立新合资企业，以期加强其在中国的业务。蒂森克虏伯（中国）有限公司初步持有苏州曼隆电梯有限公司25%的股份，并拥有选择权在日后购入剩余股份。（　　）

2．选择题

（1）蒂森股份公司和克虏伯股份公司均始建于上世纪初期，曾为欧洲钢铁工业和机器制造业作出杰出的贡献，是（　　）重工业的缩影。蒂森克虏伯电梯于1995年进入中国市场，主要经营业务范围为电梯和自动扶梯的制造、安装、远程监控、维保和旧梯改造等。

A．英国　　B．法国　　C．德国　　D．芬兰

（2）日立电梯大石工厂成立于（　　）年1月，坐落于广州市番禺区大石镇石北工业区，占地面积约21.1万平方米，是日立海外最大的电梯制造基地。该基地不仅负责各类型电梯的整梯制造生产，也将研发、销售、进出口贸易、安装、工程服务等功能纳入其中。

A．1996　　B．1997　　C．1998　　D．1999

（3）日立电梯（成都）有限公司成立于2011年，坐落于成都市高新技术产业开发区，占地面积约（　　）万平方米，是日立电梯西部制造基地。该基地集研发、制造、安装、配件以及培训五大职能为一体，构筑起日立电梯在中国西部地区完整的产业供应链。

A．146　　B．14.6　　C．34.6　　D．54.6

（4）上海三菱电梯有限公司成立于1987年1月，由上海机电股份有限公司和日本三菱电机株式会社等四方合资组成，是由中方控股和管理的中日合资大型电梯企

学习笔记

业，是中国机械制造业和外商投资（　　）企业，也是中国机械工业核心竞争力十强企业。

A. 500强　　B. 400强　　C. 300强　　D. 200强

项目3　电梯企业的社会责任与可持续发展

广东是我国电梯制造和使用大省，截止至2023年，广东省电梯保有量约121万台，获得电梯制造许可证的企业95家，获得电梯安装维修资质的企业超500家。在行业规模日益壮大、企业数量蓬勃发展的今天，自觉履行社会责任，是作为电梯企业义不容辞的职责和义务；推动电梯行业的健康繁荣发展，也需要每一位从事电梯设计、制造、销售、安装、保养、检验等相关工作的人员，共同履行应有的社会责任。

项目目标

（一）知识与技能

1. 了解电梯企业的社会责任。
2. 探讨电梯企业的可持续发展。
3. 能够正确通过案例判断电梯事故相关责任。

（二）过程与方法

1. 进行电梯企业调研，了解电梯企业的社会责任动态。
2. 进行电梯企业调研，了解电梯企业的可持续发展动态。

（三）情感态度与价值观

1. 通过认识电梯企业的社会责任，了解企业可持续发展动态。
2. 养成独立思考的习惯，形成全面的学习和工作能力，为未来的职业生涯做好准备。

项目描述

通过同学与同学之间探讨和外出调研的形式对电梯企业的社会责任和可持续发展进行调研。

（一）项目分析

电梯企业的社会责任与可持续发展通常体现在环境保护与绿色生产、节能技术的研发与应用、员工关怀与安全生产、社区服务与公益活动、企业治理与合规经营等方面，电梯企业在追求经济效益的同时，也应积极履行社会责任，推动可持续发展。通过这些实践，电梯企业不仅提升了自身的品牌形象，也为环境保护和社会发展做出了积极贡献。

（二）项目引导

引导问题1：在调研过程中，是否有电梯企业没有进行社会责任履行？

学习笔记

引导问题2：在调研过程中，电梯企业有什么可持续发展方式？

知识链接

（一）电梯企业的社会责任

1．坚持安全至上，履行社会责任

坚持安全至上的行业精神，是电梯行业一贯奉行的核心价值观。电梯企业履行社会责任的第一步，要以保障电梯的安全作为首要职责，一切工作都必须以此为前提，并贯彻于各个方面、各个环节；要坚持经济效益与社会效益并重，坚持发展壮大企业与履行社会责任相结合，建立健全科学规范的社会责任管理体系和工作机制，提出完善、清晰的社会责任目标任务。

2．坚持优质为本，严把质量底线

质量是确保电梯安全的基础，也是电梯企业的立身之本。企业应当采取多种方式方法开展企业精神、企业价值观、企业道德、企业形象和自觉承担社会责任的宣传教育，让严把质量底线的意识贯穿到每一位员工心中，渗透到每一个工作节点；紧紧围绕质量管理这个核心开展工作，把企业的各项工作、从业人员的各种行为、电梯设计、制造、安装和保养的全过程重点领域、关键部门和重点环节，有机纳入质量管理的范畴，在规范的控制下科学、有序运作，使质量达到优质的水平，努力做到在社会建设中做一个项目、立一块丰碑。

3．坚持诚实守信，提高服务水平

《特种设备安全法》已全面施行，电梯安全有法可依，电梯企业依法生产，企业更应严格加强质量管理，不断提高服务水平，推动企业健康、快速、可持续发展，为社会和广大人民群众提供更多更好的优质、安全的产品和服务。同时，诚实守信是中华民族的传统美德，也是企业及从业人员必备的基本道德和行事原则，在激烈的市场竞争中，电梯企业应当坚守“重规则、守契约”的道德法律意识和行为规范，诚实守信经营，依法依规办事，以良好的信誉赢得认可和信赖。

4．坚持以人为本，建设企业文化

弘扬社会主义核心价值观，推进社会责任的履行，需要电梯企业从自身做起，坚持

学习笔记

以人为本，努力建设良好的企业文化。依法保障员工合法权益，加强员工培训，积极为员工的全面发展创造条件，创建平等、稳定、发展的劳动关系，增强企业的凝聚力和吸引力，坚持以和谐、进取、创新、包容的企业文化引领企业发展。

5．坚持社会公益，树立企业形象

积极履行社会责任，电梯企业应当走在为社会公益事业作贡献的第一线，在工作之外自觉承担节约资源、保护环境、支持公益、扶危济困、捐资助学、抗灾救灾的社会责任，赢得社会大众的普遍认同和赞赏，从而在社会上树立良好的企业形象。（上海三菱电梯安全卫生社会责任宣传见图5-17）。

图 5-17　上海三菱电梯安全卫生社会责任宣传

（二）电梯企业的可持续发展

1．提高能源利用率

采用先进的驱动技术的永磁同步无齿轮曳引机广泛应用于现代电梯中，其相比传统的有齿轮曳引机具有更高的能源效率。这种技术减少了机械传动过程中的能量损失，可降低能耗达30%～50%。变频调速技术能够根据电梯的实际负载情况调整电动机的转速和输出功率，在轻载或空载时降低能耗。例如，当电梯处于待机状态或只有少量乘客时，变频器可以降低电动机的转速，从而减少能源消耗。

带有能量回收系统的电梯在运行过程中，尤其是下行和制动时，会产生大量的能量，能量回收系统可以将这些能量收集起来，并转化为电能储存或回馈到电网中，供其他设备使用。据统计，能量回收系统可以节省电梯能耗的20%～40%。一些先进的能量回收系统还可以与建筑物的能源管理系统相结合，实现能源的优化分配和利用。

2．利用环保材料与设计

在电梯制造中，应优先选择环保材料。例如，使用可回收的钢材、铝合金等金属材料，减少对自然资源的消耗。同时，采用环保型的绝缘材料、涂料和密封材料，降低对环境的污染。轿厢内饰可以选用环保的装饰材料，如天然纤维织物、可降解塑料等，避

学习笔记

免使用含有有害物质的材料。

轻量化设计通过优化电梯结构和采用高强度、轻量化的材料，可以降低电梯的自重，减少运行时的能耗。例如，采用碳纤维复合材料等新型材料制作轿厢和导轨，可以显著减轻电梯的重量。轻量化设计还可以降低电梯对建筑物结构的要求，减少建筑成本和资源消耗。

3．推动智能管理与维护

智能控制系统是先进的电梯智能控制系统，可以实现电梯的高效运行和调度。例如，通过预测乘客流量和需求，智能控制系统可以优化电梯的运行路线和停靠楼层，减少不必要的停靠和等待时间，提高运行效率。智能控制系统还可以实时监测电梯的运行状态，提前发现潜在的故障和问题，并进行预警和维护，延长电梯的使用寿命。

远程监控与维护是利用物联网技术，实现电梯的远程监控和维护。通过安装传感器和通信设备，电梯制造商或维护公司可以实时监测电梯的运行参数、故障信息和维护需求，及时进行远程诊断和维修。远程监控与维护可以减少维护人员的现场巡检次数，提高维护效率，降低维护成本。同时，还可以及时发现和解决潜在的安全隐患，提高电梯的安全性和可靠性。

图 5-18　电梯可持续发展节能宣传

4．促进社会与经济效益

节能减排可以显著减少能源消耗和碳排放，对环境保护和应对气候变化具有重要意义。据估算，每台节能电梯每年可以节省数千度电，减少数吨二氧化碳排放。节能减排还可以为用户降低能源成本，提高经济效益。例如，商业建筑中的电梯节能改造可以在几年内收回投资成本，并在后续的使用中持续节省能源费用。

安装高效、环保的电梯可以提升建筑物的品质和价值。对于商业建筑和高端住宅来说，先进的电梯系统是吸引租户和购房者的重要因素之一。可持续发展的电梯还可以满足政府和社会对绿色建筑的要求，获得相应的认证和奖励，提高建筑物的市场竞争力。

项目实施

（一）项目分组

根据班级实际情况，2人一组，分别担任电梯企业社会责任和电梯企业可持续发展讲解员进行讲解。分组完成后，小组讨论制订组名、组言和小组LOGO，营造小组凝聚力

学习笔记

和文化氛围，并确定任务分工，项目分组表见表5-5。

表5-5　项目分组表

组名	小组LOGO	组言	团队成员	学号	角色指派	职责

（二）分组实施

进行电梯企业社会责任和电梯企业可持续发展讲解。

项目评价

完成项目后根据学生自评、小组互评和教师评价填写表5-6项目实施评价表。

表5-6　项目实施评价表

序号	评价内容	评分标准	配分	学生自评	小组互评	教师评价
1	电梯企业社会责任讲解	知识讲解是否全面，是否能够引起学生重视	40分			
2	电梯企业可持续发展讲解	知识讲解是否全面，是否能够引起学生重视	40分			
3	安全意识	学生是否能够树立正确的安全意识	20分			
合计			100分			

学习笔记

能力测试

1．判断题

（1）电梯行业的企业社会责任主要体现在确保电梯安全、提高服务质量、积极参与社会公益活动等方面。（　　）

（2）电梯企业应不断提升电梯的性能和用户体验，如通过技术创新提高电梯的运行效率、减少等待时间，通过智能化手段提升服务水平，确保乘客的舒适度和满意度。（　　）

（3）随着电梯使用年限的增长，电梯企业不用关注老旧电梯的安全问题，不用参与老旧电梯的更新与改造。（　　）

（4）随着环保意识的增强，电梯行业正致力于开发更加环保的电梯产品，如使用低 VOC 材料和可回收材料，以及采用节能技术，如变频驱动技术、再生制动系统和 LED 照明系统，以减少电梯运行过程中的能耗和碳排放。（　　）

（5）电梯节能方面采用已成熟的各种先进控制技术，如轿厢无人自动关灯技术、驱动器休眠技术、自动扶梯变频感应启动技术、群控楼宇智能管理技术等均可达到很好的节能效果。（　　）

2．选择题

（1）电梯的节能降耗工作中，可改进机械传动，例如将传统的蜗轮蜗杆减速器改为行星齿轮减速器或采用（　　）传动，机械效率可提高 15% ～ 25%。

A．V 形齿轮　　B．无齿轮

C．梯形齿轮　　D．三角形齿轮

（2）电梯的节能降耗工作中，可改进电力拖动系统，例如将交流双速拖动（AC-2）系统改为（　　）拖动系统，电能损耗可减少 20% 以上。

A．调压调速　　B．变频调压

C．变频调压调速　　D．变频调速

（3）（　　）是另一种提升电梯节能效果的技术。电梯在下降或制动时，制动系统会将部分动能转化为电能并反馈回电网，减少能量的浪费。这不仅提升了电梯的能源利用效率，也减少了对电力系统的负荷。

A．再生制动系统　　B．再生运行系统

C．再生启动系统　　D．再生停止系统

（4）弘扬（　　），推进社会责任的履行，需要电梯企业从自身做起，坚持以人为本，努力建设良好的企业文化。

A．传统美德　　B．三个代表精神

C．毛泽东思想　　D．社会主义核心价值观

（5）（　　）是确保电梯安全的基础，也是电梯企业的立身之本。企业应当采取多种方式方法开展企业精神、企业价值观、企业道德、企业形象和自觉承担社会责任的宣传教育，让严把质量底线的意识贯穿到每一位员工心中，渗透到每一个工作节点。

A．质量　　B．利益　　C．金钱　　D．发展

学习笔记

拓展阅读

电梯可持续发展新篇章：探索节能电梯储能装置的技术奥秘

在追求可持续发展的今天，电梯节能已成为建筑领域不可忽视的重要议题。随着科技的飞速发展，节能电梯储能装置作为一项创新技术，正逐步成为提升电梯能效、降低运行成本的关键所在。本文将带您走进节能电梯储能装置的世界，揭秘其背后的技术原理与应用价值。

节能电梯储能装置，顾名思义，是一种能够储存电梯在制动或下降过程中产生的多余电能，并在电梯需要时释放以供其使用的设备。这一装置巧妙地运用了储能技术、智能控制技术和电力电子变换技术，实现了电梯能量的高效循环利用。在电梯运行过程中，当电梯处于制动或重载下降状态时，会产生大量的再生电能。传统上，这些电能往往被电阻消耗掉，造成了能源的浪费。而节能电梯储能装置则能够将这些电能捕捉并储存起来，待电梯启动或上升时释放，从而减少了对电网的依赖，降低了能耗。节能电梯储能装置的核心在于其高效的储能与释能机制。它通常由功率变换单元、主控单元、通信单元、故障保护单元以及人机交互界面等关键部分组成。功率变换单元负责电能的转换与储存，主控单元则根据电梯的运行状态智能调节储能与释能过程，确保能量的高效利用。通信单元则实现了装置与电梯控制系统的无缝对接，确保了信息的实时传递与指令的准确执行。故障保护单元则确保了装置在异常情况下能够迅速切断电源，保障电梯的安全运行。

除提升能效外，节能电梯储能装置还具有诸多优势。它能够有效降低电梯机房的温度，减少空调等制冷设备的能耗；同时，由于减少了对电网的依赖，也提高了电梯运行的稳定性和可靠性。此外，该装置还具备易于安装、维护成本低等特点，为电梯的升级改造提供了便捷的选择。

综上所述，节能电梯储能装置作为电梯节能领域的一项重要创新技术，正逐步成为推动建筑绿色发展的重要力量。随着技术的不断进步和应用范围的扩大，我们相信，它将在未来发挥更加重要的作用，为构建更加节能、环保、可持续的城市生活贡献力量。

模块六

典型电梯案例分析

学习笔记

超高速电梯、超高层电梯作为现代城市高层建筑的重要垂直交通工具，作为电梯技术发展的一个重要方向，具有广阔的应用前景和发展空间。对于中职学生来说，了解和掌握电梯安全知识是职业生涯中的一项基本技能。以下从世界最高、最快电梯，世界上最奇特电梯，我国典型电梯案例三个方面进行学习，将建立起学生对高性能电梯的基本认知，为今后的专业学习和职业生涯打下坚实的基础。

项目1 世界最高、最快电梯

超高速电梯是电梯技术发展的一个重要方向，它以其极快的运行速度，为现代城市中的高层建筑和超高层建筑提供了高效的垂直交通解决方案。超高层电梯是指高度超过150 m，通常用于高层建筑、商业办公楼等场所内部人员和物品的垂直交通设备。随着科技的不断发展和社会需求的不断增加，超高速、超高层电梯将继续发挥其重要作用，并为人们的出行提供更加便捷、高效和安全的服务。

项目目标

（一）知识与技能

1. 了解超高速电梯的技术特点及应用场景。
2. 了解超高层电梯的设计与制造及安全性能要求。
3. 能够叙述世界各项超高速、超高层电梯典型工程项目的核心数据。

（二）过程与方法

1. 通过了解世界各项高性能电梯典型工程项目，能够掌握高性能电梯知识。
2. 查询本项目中未介绍的高性能电梯项目，将所学知识应用到实际情况中。
3. 通过案例分析和模拟演练，能够反思学习过程，提高信息收集能力和就业意识。

（三）情感态度与价值观

1. 通过学习，认同高性能电梯的重要性。
2. 通过参与调研分析，体会高性能电梯的发展，提高信息收集能力和团队协作能力。

3．形成全面的学习和工作能力，为未来的职业生涯做好准备。

学习笔记

项目描述

本项目旨在熟悉世界最高、最快电梯；通过了解世界最高、最快电梯；了解世界电梯各项典型工程项目，树立牢固电梯认知意识，建立对电梯行业的热爱。

（一）项目分析

超高速电梯作为现代高层建筑和超高层建筑中的关键组成部分，其意义远不止于提供一种高效的垂直交通工具。超高速电梯在提升垂直交通效率、促进高层建筑发展、提升城市形象、推动技术创新、改善居住环境、增强应急响应能力和促进可持续发展等方面都具有重要意义。随着科技的不断进步和社会需求的不断增加，超高速电梯将在未来城市建设和发展中发挥更加重要的作用。

（二）项目引导

引导问题1：你认为超高速电梯有哪些应用场景？

引导问题2：你认为超高层电梯有哪些安全性能要求？

引导问题3：你觉得超高速、超高层电梯技术会怎样发展？

学习笔记

知识链接

（一）世界最高户外电梯

世界上最高的电梯是百龙天梯，又称“百龙电梯”，是位于世界自然遗产张家界武陵源风景区内的一部户外玻璃观光电梯。于1999年9月开工建设，2002年4月竣工并投入营运使用，并于2013年进行扩容提速。百龙天梯以326 m的高度被吉尼斯世界纪录认定为世界“最高户外电梯”。自运行以来，先后获得IAID“国际十大人工景观工程”、世界11大创意电梯、“世界第一梯”等美誉。

百龙天梯于2002年4月竣工，随后投入试营运。其建设在砂岩山峰上，垂直高差335 m。共有三台透明观光电梯，每台电梯分为双层，均可载客。在326 m的运行高度中，其中有154 m在山体内下部的竖井中运行，另172 m在贴山钢结构井架上运行。电梯的玻璃由丙烯酸玻璃制成。电梯由通力公司提供，并由德国朗格尔在中国的合资公司潍坊朗格尔电梯公司安装，耗资1.8亿元。通过百龙天梯，乘客可直达武陵源核心景区——袁家界。2013年，百龙天梯进行扩容升级，单程运力每小时增加400人左右，速度由3 m/s提高到5 m/s。2015年，百龙天梯再次进行升级改造，运力由单梯50人提升至64人，时间由118 s缩短至66 s。百龙天梯开通后，安全运达游客近3 500万，而且从未发生过任何一起安全事故，如图6-1所示。

图 6-1　张家界百龙天梯

（二）世界最快电梯

1. 广州周大福金融中心

广州东塔，亦称广州周大福金融中心，位于广州天河区珠江新城CBD中心地段，建

学习笔记

筑面积为地面以上35万 m^2，为写字楼、酒店、公寓、商业用途，主塔楼地下5层、地上111层，建筑高度539.2 m，华南地区第二高楼，中国第三高楼。裙楼地下5层，地上9层。

该项目写字楼面积22万 m^2，是广州体量最大的写字楼，标准层面积3 500～3 600 m^2，配套28台高速电梯，其中HS01、HS03两台超高速电梯最高速度可达21 m/s，是世界上速度最快的电梯，由日立电梯公司制造，高峰期候梯时间不超过30 s。该电梯已经从中国国家电梯质量监督检验中心（广东）获得了正式的速度认证。不过在正式投入使用时该电梯的最高速度将会按照原计划设置为20 m/s，如图6-2所示。

图 6-2　广州周大福金融中心

2．上海中心大厦

上海中心大厦位于上海浦东陆家嘴金融贸易核心区，目前是中国第一高楼、世界第二高楼，仅次于全球最高的迪拜哈利法塔（828 m），主体建筑总高度为632 m、总楼层127层，可使用楼层121层，外型以圆角三角形外立面层层收分，连续120° 螺旋上升，蕴含蓬勃生机之意。

上海中心包括9个垂直社区，每个社区的高度为12～15层。整座大厦内的电梯将多达154部，由三菱、迅达提供。其中，上海三菱是该项目垂直电梯唯一签约中标单位，提供三菱电机及上海三菱共106台，包括最高部分84～120层的酒店、观光区及裙房的全部电梯。其中，OB1～OB3号三台超高速电梯原最高速度为18 m/s，后经三菱对其进行改造，

学习笔记

现最高速度提升到20.5 m/s，仅次于广州周大福金融中心的21 m/s，并打破迪拜塔创造的纪录，成为世界行程最高的电梯，如图6-3所示。

3．迪拜哈利法塔

哈利法塔，落成之前称为迪拜塔，是一座位于阿拉伯联合酋长国迪拜境内的摩天大楼，为当前世界第一高楼与人工构造物，高度为828 m，楼层总数169层，造价达15亿美元。自2009年封顶以来一直是世界上最高的建筑，打破了多项高度记录。

哈利法塔拥有由蒂森克虏伯制造的目前全球第三快的电梯，最高速度达17.4 m/s，上升行程曾为世界第一，位置在塔中央；不过并没有直达最高169层楼，必须在第123和138层的“转乘区”换搭乘电梯，在1 min内可达第124楼世界最高室外观景台，如图6-4所示。

图6-3　上海中心大厦

图6-4　迪拜哈利法塔

4．台北101大楼

台北101大楼，前名台北国际金融中心，又名台北101、台北金融大楼，位于中国台湾省台北市信义区金融贸易区中心，其占地面积30 277 m^2，其中包含一座101层高的办公塔楼及6层的商业裙楼和5层地下楼面，每8层楼为1个结构单元，彼此接续、层层相叠，构筑整体，建筑面积39.8万 m^2。

台北101大楼设有61部电梯，包括34部双层电梯，这些电梯均由日本东芝与中国台湾省的台湾崇友公司合作制造。其中2台观景台超高速电梯以16.83 m/s的上升速度，比日本横滨地标大厦观景台电梯的12.5 m/s超出34.7%，也创造了当时世界最快电梯上升速度的

学习笔记

新纪录。台北101的观景台电梯可在37 s内将游客从5楼运送到89楼的观景台。下行最高速度达10 m/s，由89楼下行至5楼只需46 s，如图6-5所示。

图 6-5　台北 101 大楼

项目实施

（一）项目分组

根据班级实际情况，4人一组，小组成员分别担任电梯企业调研人员，调查前文中未介绍世界各项高性能电梯项目。分组完成后，小组讨论制订组名、组言和小组LOGO，营造小组凝聚力和文化氛围，并确定任务分工，项目分组表见表6-1。

表6-1　项目分组表

组名	小组LOGO	组言	团队成员	学号	角色指派	职责
					电梯企业调研人员	
					电梯企业调研人员	
					电梯企业调研人员	
					电梯企业调研人员	

（二）任务实施

各组通过查阅资料，完成表6-2的填写。

学习笔记

表6-2　世界第5～10快的电梯参数

序号	排名	电梯所在建筑/国家	建筑高度（m）	提升高度（m）	最高运行速度（m/s）
1	第五				
2	第六				
3	第七				
4	第八				
5	第九				
6	第十				

项目评价

完成项目后根据学生自评、小组互评和教师评价填写表6-3项目实施评价表。

表6-3　项目实施评价表

序号	评价内容	评分标准	配分	学生自评	小组互评	教师评价
1	知识讲解	知识讲解是否全面，是否能够引起学生重视	20分			
2	实例详解	实例详解是否标准，是否能够正确引导学生	20分			
3	模拟演练	查询资料数据是否准确，是否能够提高学生的信息收集能力	30分			
4	就业意识	学生是否能够树立正确的就业意识	30分			
合计			100分			

能力测试

1. 判断题

（1）非公共场所安装且仅供单一家庭使用的电梯属于特种设备。（　　）

（2）运送货物的载货电梯与杂物电梯都不允许载人。（　　）

（3）电梯出现故障或者发生异常情况，使用单位应当对其进行全面检查，消除隐患后，方可重新投入使用。（　　）

（4）乘客被困电梯时不要惊慌，应立即呼救、耐心等待、平层出门。（　　）

（5）电梯应当以使用单位为对象向登记机关办理使用登记。（　　）

2. 选择题

（1）层门未关闭或从外面能将层门打开，可能导致（　　）事故发生。

A. 剪切　　B. 坠落　　C. 挤压　　D. 撞击

（2）安全第一就是要求在进行生产和其他活动时把安全工作放在一切工作的（　　）。

A. 次要位置　　B. 首要位置　　C. 后面　　D. 暂时

（3）电梯发生困人时，使用单位要及时采取措施，安抚乘客，组织（　　）实施救援。

A. 电梯维修作业人员　　B. 电梯安全管理人员

C. 电梯司机　　D. 电梯安装作业人员

（4）规定自动扶梯的梯级上空垂直净高度，是为了预防（　　）事故。

学习笔记

A. 坠落　　B. 挤压　　C. 碰撞　　D. 剪切

（5）主要运送货物的电梯，同时允许有人员伴随的电梯是（　　）。

A. 载货电梯　　B. 杂物电梯　　C. 液压电梯　　D. 乘客电梯

项目 2　世界最奇异电梯

奇异电梯指的是那些在设计、功能、体验或位置上具有独特性或创新性的电梯系统。这些电梯不仅仅是一种垂直交通工具，更是建筑设计和技术创新的亮点，能够为乘客带来不同寻常的乘坐体验。奇异电梯的设计不仅展示了人类在建筑和交通领域的创新能力，还为乘客提供了丰富多样的乘坐体验。随着科技的不断进步和社会需求的不断变化，未来还可能会有更多更加奇特的电梯出现。

项目目标

（一）知识与技能

1. 了解奇异电梯的种类及运行方式。
2. 了解奇异电梯的功能及安全性能。
3. 能够叙述世界各项奇异电梯典型工程项目的技术特点及核心数据。

（二）过程与方法

1. 通过世界各项奇异电梯典型工程项目，能够掌握奇异电梯的知识。
2. 查询本项目中未介绍的奇异电梯项目，将所学知识应用到实际情况中。
3. 通过案例分析和模拟演练，能够反思学习过程，提高信息收集能力和就业意识。

（三）情感态度与价值观

1. 通过学习，认同奇异电梯的重要性。
2. 通过参与调研分析，体会奇异电梯的发展，提高信息收集能力和团队协作能力。
3. 形成全面的学习和工作能力，为未来的职业生涯做好准备。

项目描述

本项目旨在熟悉世界各种奇异电梯，通过了解世界各种奇异电梯，了解世界电梯各项典型工程项目，树立牢固电梯认知意识，建立对电梯行业的热爱。

（一）项目分析

奇异电梯是指那些在设计、技术、功能或体验上显著不同于传统电梯，具有独特性和创新性的电梯系统。这些电梯往往能够给乘客带来惊喜、刺激或独特的感受，成为建筑物中的一大亮点。它们展示了人类在建筑和交通领域的创新思维和无限可能，预示着未来电梯技术的发展方向。随着科技的不断进步和社会需求的不断变化，我们相信未来

学习笔记

会有更多更加奇异的电梯出现。

（二）项目引导

引导问题1：你认为奇异电梯是怎样的？

引导问题2：你认为奇异电梯应具备哪些功能要求？

引导问题3：你认为奇异电梯应具备什么安全保护？

知识链接

（一）世界最奇异电梯

1．球型缆车观景台（瑞典，斯德哥尔摩）

该观景台为玻璃材质，它会带乘客来到高达85 m的爱立信球形体育馆顶层。站在这里，可以全方位饱览斯德哥尔摩的秀丽风光，如图6-6所示。

图 6-6　球型缆车观景台

2．浮动式电梯（海洋绿洲号）

豪华邮轮“海洋绿洲号”上有种神奇的电梯，称为浮动式电梯，或浮动式酒吧，一共可容纳35人，在位置上很好地连结了船上“中央公园”以及“皇家大道”两部分，如图6-7所示。

学习笔记

图 6-7　浮动式电梯

3．AquaDom鱼缸电梯（德国，柏林）

雷德森酒店的AquaDom电梯实际上位于世界上最大的圆柱形水族馆内部，为玻璃材质，高达30.5 m，内部十分宽敞。乘坐它就可以全方位观赏水族馆内部的50余种鱼类以及其他海洋生物。AquaDom耗资大约1 280万欧元，如图6-8所示。

图 6-8　AquaDom 鱼缸电梯

4．哈梅茨施万德观光电梯（瑞士，比尔根山）

该电梯位于比尔根山，主要是为那些前来一睹琉森湖风采的游客设计的，它会带你登上海拔约1 152 m的高处，饱览该湖的全景。不过，哈梅茨施万德观光电梯本身也有其独特之处，那就是“高”。该电梯被称为欧洲最高的户外电梯，在你欣赏风景的时候，云彩有时会挡住你的视线，如图6-9所示。

图 6-9　哈梅茨施万德观光电梯

学习笔记

5．卢克索酒店斜型电梯（美国，拉斯维加斯）

位于拉斯维加斯的卢克索酒店整体设计以埃及风格为主，主楼为金字塔型。因此该酒店采用的是斜型电梯。该电梯会载着乘客沿着主楼墙壁成39° 角上升，而且到达顶楼一共要经过30层，如图6-10所示。

图 6-10　卢克索酒店斜型电梯

6．大众汽车城电梯（德国，沃尔夫斯堡）

大众汽车城电梯位于沃尔夫斯堡以汽车为主题的公园——大众汽车城中。该主题公园中有汽车博物馆、试车场、供参观的汽车工厂，还有两座20层高、被称作汽车“蜂巢”的立体车库。两楼之间还有一条地道相连，也跟工厂直接连通，汽车成品由传送带直接运送到两座大厦的地下车场。买车的车主可以目睹他们购买的新车从玻璃停车楼运到顾客中心的全过程，如图6-11所示。

图 6-11　大众汽车城电梯

7．脚踏板自行车升降梯（挪威，特隆赫姆）

特隆赫姆是挪威第三大城市，其脚踏板自行车升降梯十分出名。该市是世界上第一个为骑自行车的人设计这项设施的城市。你只需投10元挪威克朗硬币，得到一张卡，然后把右脚放在电梯的脚踏板上，人骑在自行车上，按下按钮，电梯便以2 m/s的速度将你和自行车缓缓送往高130 m的坡上，如图6-12所示。

8．拱门电梯（美国，圣路易斯）

拱门电梯位于密苏里州的圣路易斯拱门内。该电梯类似摩天轮，乘客舱采用蛋形设计，可搭载5名乘客，8个这样的车厢连接成一列电车。这些车厢各自保持在一个适当的水平位置，每隔一段时间就会旋转5° ，只需4 min就可到达拱顶，下降仅需3 min。电梯

学习笔记

设有观景窗，游客可以透过它欣赏外面的景色，如图6-13所示。

图 6-12　脚踏板自行车升降梯

图 6-13　拱门电梯

项目实施

（一）项目分组

根据班级实际情况，4人一组，小组成员分别担任电梯企业调研人员，调查前文中未介绍的世界各项奇异电梯项目。分组完成后，小组讨论制订组名、组言和小组LOGO，营造小组凝聚力和文化氛围，并确定任务分工，项目分组表见表6-4。

表6-4　项目分组表

组名	小组LOGO	组言	团队成员	学号	角色指派	职责
					电梯企业调研人员	
					电梯企业调研人员	
					电梯企业调研人员	
					电梯企业调研人员	

（二）任务实施

各组通过查阅资料，完成表6-5填写。

学习笔记

表6-5　世界11大创意电梯（前文已介绍其五）

序号	电梯所在建筑/国家	建筑高度（m）	最大载客（人/次）	运行特点
1				
2				
3				
4				
5				
6				

项目评价

完成项目后根据学生自评、小组互评和教师评价填写表6-6项目实施评价表。

表6-6　项目实施评价表

序号	评价内容	评分标准	配分	学生自评	小组互评	教师评价
1	知识讲解	知识讲解是否全面，是否能够引起学生重视	20分			
2	实例详解	实例详解是否标准，是否能够正确引导学生	20分			
3	模拟演练	查询资料数据是否准确，是否能够提高学生的信息收集能力	30分			
4	就业意识	学生是否能够树立正确的就业意识	30分			
合计			100分			

能力测试

1．判断题

（1）自动扶梯或自动人行道的提升高度是进出口两楼层板之间的垂直距离。（　　）

（2）消防员电梯不能作为乘客电梯使用，其仅在消防服务的直接控制下使用。（　　）

（3）在电梯超载报警的情况下继续装运，可能导致电梯发生蹲底事故。（　　）

（4）电梯的救援系统主要是由救援装置和报警装置两部分组成。（　　）

（5）防止门夹人保护装置只有在人或物撞击层门或轿门时才应起作用。（　　）

2．选择题

（1）对重（或平衡重）的运行区域应采用刚性隔障防护是保护（　　）作业人员的安全。

A．机房内　　B．轿顶上　　C．轿厢内　　D．底坑内

（2）电梯整机型式试验应当在（　　）内进行。

A．制造单位的试验井道　　B．安装单位的试验井道

C．安装现场的井道　　D．维保单位的试验井道

学习笔记

（3）人员出入轿厢的瞬间轿厢突然起动，会造成人员在轿门与层门之间的地坎处被（ ）。

A. 剪切 B. 坠落 C. 挤压 D. 撞击

（4）轿厢上行超速保护装置可以作用在（ ）。

A. 轿厢或对重 B. 钢丝绳系统

C. 曳引轮或曳引轮轴上 D. 其他选项都可以

（5）轿厢冲顶或撞底时，会造成位于轿顶或底坑的检修人员发生（ ）事故。

A. 滑倒 B. 缠绕 C. 挤压 D. 剪切

项目3 我国典型电梯案例

电梯作为现代建筑不可或缺的一部分，不仅承载着垂直交通的重任，更成为建筑品质与技术实力的象征。在众多电梯品牌中，三菱、日立、奥的斯等品牌凭借其卓越的技术、高品质的产品和广泛的市场应用，成为了国内众多标志性建筑的首选。同时，这些品牌也积极参与国内市场竞争和技术创新，不断推动电梯行业的发展和进步。

项目目标

（一）知识与技能

1. 了解我国典型电梯工程项目。
2. 了解我国典型电梯案例的电梯配置。
3. 能够叙述我国典型电梯案例的技术特点及核心数据。

（二）过程与方法

1. 通过我国典型电梯工程项目，能够掌握各大品牌电梯知识。
2. 查询本项目中未介绍的各大品牌电梯项目，将所学知识应用到实际情况中。
3. 通过案例分析和模拟演练，能够反思学习过程，提高信息收集能力和就业意识。

（三）情感态度与价值观

1. 通过学习，认识我国典型电梯工程项目的重要性。
2. 通过参与调研分析，体会国内各大电梯品牌的发展，提高信息收集能力和团队协作能力。
3. 形成全面的学习和工作能力，为未来的职业生涯做好准备。

项目描述

本项目旨在熟悉我国典型电梯案例，通过了解我国典型电梯案例，了解我国各电梯企业各项典型工程项目，树立牢固电梯认知意识，建立对电梯行业的热爱。

学习笔记

（一）项目分析

在中国，随着经济的发展，高层建筑如雨后春笋般涌现，电梯作为现代建筑的核心组成部分，其品质与性能直接关乎到建筑的舒适度和安全性。各大电梯品牌凭借其卓越的品质、先进的技术和全方位的服务，在中国众多典型建筑中发挥着重要作用，不仅提升了建筑的运营效率和使用体验，更成为了现代城市发展的重要支撑。

（二）项目引导

引导问题1：目前国内电梯各大品牌有哪些？

引导问题2：国内新建建筑新装电梯的年增量是多少？

引导问题3：国内既有建筑加装电梯的年增量是多少？

知识链接

（一）新世界大丸百货

上海新世界大丸百货作为一个高端零售百货项目，自开业以来就备受关注。该项目总建筑面积达到11.8万m^2，分为地上六层和地下五层，拥有众多国内外知名品牌，致力于打造高端精品百货标杆。在这样的背景下，三菱电梯凭借其高品质的产品和丰富的服务经验，成功成为新世界大丸百货的电梯供应商，如图6-14所示。

1. 电梯配置

新世界大丸百货共采购了50台电梯及扶梯产品，其中包括多种类型的三菱电梯：

螺旋式自动扶梯：12台。这种螺旋式自动扶梯在全球范围内都较为罕见，当时在全世界仅有103台，而中国内地一举安装了12台，属全球首次。这些扶梯不仅具有强大的运载能力，还因其独特的螺旋形设计成为商场内的一大亮点，为商场增添了动态美感。

进口NEXWAY-S观光梯：6台。这些全透明观光电梯为乘客提供了独特的视觉体验，可以俯瞰商场内部和周边环境，增加了购物的趣味性和观赏性。

国产NEXWAY-S升降梯：6台。这些升降梯稳定可靠，满足了商场内部不同楼层的垂直交通需求。

国产HOPE-IIG货梯：2台。这些货梯主要用于商场内部的货物运输，提高了物流效率。

国产K型扶梯：24台。这些扶梯分布于商场的各个楼层，为顾客提供便捷的步行通道。

2．技术特点与设计理念

技术创新：螺旋式自动扶梯的设计突破了传统直线形扶梯的局限，通过平滑的空间曲线路径运行，为乘客提供了全新的乘坐体验。这种设计不仅美观大方，还具有一定的艺术展示功能。

安全可靠：三菱电梯采用先进的技术和设备，确保电梯在运行过程中的安全性和稳定性。同时，商场内的电梯都配备了完善的安全保护装置和监控系统，为乘客提供全面的安全保障。

环保节能：三菱电梯注重产品的环保性能，采用节能技术和材料降低电梯运行过程中的能耗和排放。这符合当前社会对绿色、低碳、环保的追求。

图 6-14　新世界大丸百货

（二）三峡水利枢纽

三峡水利枢纽，即三峡水电站，位于中国湖北省宜昌市境内的长江西陵峡段，与下游的葛洲坝水电站构成梯级电站。它是目前世界上规模最大的水电站和清洁能源基地，

学习笔记

也是中国有史以来建设最大型的工程项目之一，如图6-15所示。

1．电梯配置

三峡工程项目共采用了31台电梯，其中三菱电梯占据了显著位置，达到了12台。这12台三菱电梯均为全进口GPS系列，包括7台低速梯、2台观光梯和3台高速梯。这些电梯的引入，提升了工程内部的交通效率。

特别值得一提的是，三峡水利枢纽中的观光电梯为游客提供了俯瞰三峡大坝和周边壮丽景色的绝佳视角。这些观光电梯不仅是交通工具，更是旅游观光的亮点之一。

2．技术特点与设计理念

技术特点：为了确保电梯设备在三峡工程中的稳定运行和乘客的安全，三菱电梯在设备的设计、安装和维护过程中采用了多项创新技术和严格的质量保障措施。

安全可靠：针对三峡工程特殊的环境条件，三菱电梯在电梯设备的防潮、防腐等方面进行了特殊处理，以确保设备在恶劣环境下的稳定运行。

后续服务：在三峡水利枢纽运行多年后，电梯维护保养的后续服务也至关重要。为了确保电梯的安全运行和延长使用寿命，相关单位会对这些电梯进行定期的维护保养和检查，包括定期检查测试、更换损坏器件、排除故障、消除隐患等多项内容。

图 6-15　三峡水利枢纽

学习笔记

（三）港珠澳大桥珠海口岸

港珠澳大桥珠海口岸是连接中国广东省珠海市与香港特别行政区、澳门特别行政区的重要口岸，是粤港澳大湾区三地互通、客货兼重的陆路口岸之一，也是港珠澳大桥的核心组成部分。该口岸总用地面积约107万m^2，主要包括珠港联检大楼、珠澳旅检大楼、交通连廊、交通中心、口岸办公区五个部分，如图6-16所示。

1．电梯配置

在港珠澳大桥珠海口岸项目中，上海三菱电梯有限公司为该项目提供了92台三菱电梯产品，包括用于珠港联检大楼、珠澳旅检大楼、交通中心等不同区域的电梯和扶梯。这些电梯设备不仅满足了口岸的日常运营需求，还极大地提升了口岸的通行效率和乘客的出行体验。

2．技术创新与品质保障

为了确保电梯设备在港珠澳大桥珠海口岸项目中的稳定运行和乘客的安全，三菱电梯在设备的设计、安装和维护过程中采用了多项创新技术和严格的质量保障措施。例如，针对口岸的特殊环境和使用需求，三菱电梯对电梯设备进行了专门的定制和优化，以提高其适应性和耐用性。同时，三菱电梯还提供了专业的维护保养服务，定期对电梯设备进行检查和维护，确保设备的长期稳定运行。

图 6-16　港珠澳大桥珠海口岸

学习笔记

知识链接

（一）项目分组

根据班级实际情况，4人一组，小组成员分别担任电梯企业调研人员，调查各大电梯品牌在我国典型电梯项目。分组完成后，小组讨论制订组名、组言和小组LOGO，营造小组凝聚力和文化氛围，并确定任务分工，项目分组表见表6-7。

表6-7　项目分组表

组名	小组LOGO	组言	团队成员	学号	角色指派	职责
					电梯企业调研人员	
					电梯企业调研人员	
					电梯企业调研人员	
					电梯企业调研人员	

（二）任务实施

各组通过查阅资料，完成表6-8的填写。

表6-8　各大电梯品牌在我国典型电梯

序号	电梯品牌	工程项目	供梯数量	运行特点
1				
2				
3				
4				
5				
6				

项目评价

完成项目后根据学生自评、小组互评和教师评价填写表6-9项目实施评价表。

表6-9　项目实施评价表

序号	评价内容	评分标准	配分	学生自评	小组互评	教师评价
1	知识讲解	知识讲解是否全面，是否能够引起学生重视	20分			
2	实例详解	实例详解是否标准，是否能够正确引导学生	20分			
3	模拟演练	查询资料数据是否准确，是否能够提高学生的信息收集能力	30分			
4	就业意识	学生是否能够树立正确的就业意识	30分			
合计			100分			

学习笔记

能力测试

1．判断题

（1）新安装未移交业主的电梯，项目建设单位是使用单位。　　（　　）

（2）电梯用于出租的，出租期间，出租单位是使用单位。　　（　　）

（3）三角钥匙必须妥善保管，由指定的人员使用，切不可给无资质人员或无关人员使用。　　（　　）

（4）电梯的维护保养包括半月维保、月度维保、季度维保、年度维保。　　（　　）

（5）电梯维保记录应当经使用单位安全管理人员签字确认。　　（　　）

2．选择题

（1）人员依靠在电梯轿门上，可能导致（　　）事故发生。

A．剪切　　B．挤压　　C．坠落　　D．困人

（2）规定自动扶梯的梯级与围裙板的间隙，是为了预防（　　）事故。

A．坠落　　B．挤压　　C．碰撞　　D．剪切

（3）电梯的修理分为（　　）。

A．重大修理和一般修理　　B．较大修理和一般修理

C．重大修理和普通修理　　D．特别重大修理和重大修理

（4）电梯发生一般事故后，事故发生单位或业主应当立即向（　　）报告。

A．检验机构

B．特种设备安全监管部门和有关部门

C．使用单位上级部门

D．制造单位

（5）电梯的型式试验范围包括（　　）。

A．电梯整机　　B．安全保护装置

C．主要部件　　D．其他选项都是

拓展阅读

城镇老旧小区改造：民生福祉与城市发展的双赢之路

备受关注的城镇老旧小区改造工作又取得了新进展。数据显示，2024年前7个月，全国新开工改造城镇老旧小区3.8万个。分地区看，江苏、吉林、青海、辽宁、江西、上海、内蒙古、山东8个地区开工率超过80%。

城镇老旧小区改造一头连着民生福祉，一头连着城市发展，既是城市更新的重要内容，也承载着人民对美好生活的向往。截至2023年底，我国常住人口城镇化率达到66.16%，超过9.3亿人生活在城镇。当下，城市建设重点已转入存量提质增效阶段，把推进城镇老旧小区改造工作做好，有助于改善人居环境，促进产业投资，还可以优化城市功能。

党中央、国务院决策部署城镇老旧小区改造以来，各地都在积极探索推进实施。例如，湖南长沙着力盘活老旧小区闲置房屋，改造成养老、托育、助餐等公共服务设施；山东

学习笔记

淄博同步推进节能门窗更换、水电暖等设施改造。数据显示，2019年到2023年，全国新开工改造城镇老旧小区22万个，惠及居民3 800多万户、约1亿人，更新改造水电气热等老化管线管道近30万公里，加装电梯10.8万部，增加文化休闲、体育健身场地2 600多万平方米，增设养老、托育、便民市场等社区服务设施6.8万个。

成绩可喜，未来可期。党的二十届三中全会提出，加强地下综合管廊建设和老旧管线改造升级，深化城市安全韧性提升行动。国务院日前印发的《深入实施以人为本的新型城镇化战略五年行动计划》，将推进城镇老旧小区改造列为实施城市更新和安全韧性提升行动的五项重点任务之首，并要求"以水电路气信邮、供热、消防、安防、生活垃圾分类等配套设施更新及小区内公共部位维修为重点，扎实推进2000年底前建成的需改造城镇老旧小区改造任务"。

持续推进城镇老旧小区改造，考验着各地执行能力。从实践来看，改造城镇老旧小区不仅要改善外露的"面子"，更要做好惠民的"里子"。居民区露在外面的道路、外墙等设施改造固然重要，埋在地下的供水、排水等工程更是直接与日常生活体验有关，这些解决好了，百姓的获得感会更强。此外，城镇老旧小区改造既包括老旧管线等基础类改造，也包括增设停车位、加装电梯等完善类改造，体育健身、养老、托育等提升类改造。在这三类改造中，改什么、怎么改，都应以尊重小区群众的意愿为前提。

还要看到，如同人们需要定期体检，房子也要不时做检查、搞维护。在城镇老旧小区改造上，不仅要把现有老旧小区改造好，还要着眼长远，加快建立体检"查病"、改造"治病"的住宅小区有序更新改造机制，针对性实施房屋建筑、基础设施、服务设施以及无障碍环境建设和适老化改造。比如，可以考虑每栋楼增添楼梯防滑条和扶手等设施，小区内增设提供全日照料服务的中小型养老机构等。

模块七

电梯作业情况认知

学习笔记

电梯作业是一项至关重要且具有一定复杂性和风险性的任务。电梯作业需要高度的责任心、专业素养和应急处理能力，以保障电梯的安全正常运行，为用户提供可靠的服务。电梯作业人员需要具备扎实的专业知识和技能，对电梯设备的结构、原理、运行机制要有深入的了解，能够准确判断和处理各种故障。电梯作业人员应具备冷静应对和快速解决问题的能力，对电梯的维保工作步骤及流程要有清晰的认知。对于中职学生来说，了解和掌握电梯安全规范操作是职业生涯中的一项重要的基本技能。以下从电梯维护与保养作业、扶梯维护保养基础技能、电梯故障处理与应急响应三个方面进行学习，使学生建立起对电梯安全规范操作的基本认知，通过本模块的学习，培养学生一丝不苟完成每一项工作的严谨态度，以及用户至上的服务精神。为今后的专业学习和职业生涯发展打下坚实的基础。

项目1 电梯维护与保养作业

电梯作为现代建筑中不可或缺的垂直运输工具，其安全可靠的运行至关重要。电梯的维护与保养工作是确保电梯正常运行、延长使用寿命、保障乘客安全的关键环节。本项目从电梯维护与保养作业的基本知识、电梯维护与保养的作业流程、电梯维护与保养作业的安全操作规程等方面对电梯维护与保养工作进行学习，从而降低电梯事故的发生率，保障人们的生命财产安全，营造一个安全、和谐的乘梯环境。电梯维护与保养工作需要由专业的技术人员按照严格的操作规程和安全标准进行，以确保电梯的安全、稳定、高效运行。

项目目标

（一）知识与技能

1. 了解电梯维护与保养作业的基本知识、工具及仪表。
2. 熟悉电梯维护与保养作业的安全操作规程。
3. 熟悉电梯维护与保养作业的内容、步骤及流程。

学习笔记

（二）过程与方法

1. 能够根据工作内容制定电梯维护与保养的计划。

2. 通过理论与实践的学习，掌握电梯维护与保养工作的安全操作规范，将所学知识应用到实际情况中。

3. 能根据所制定计划对电梯进行维护与保养操作，在实践中学习电梯维护与保养工作的基本知识。

（三）情感态度与价值观

1. 通过学习，培养职业归属感，树立良好的职业道德和安全意识。

2. 培养精益求精的工匠精神，以严谨、负责的工作态度，一丝不苟完成每一项工作，确保维护的电梯安全运行。

项目描述

本项目旨在熟悉电梯维护与保养作业的基本情况；电梯维护与保养作业过程中所需的相关工具及仪表；电梯维护与保养的内容；电梯维护与保养作业的安全规范操作。当进行电梯维护与保养时，如何做好维护保养作业前的准备，个人安全防护及作业时的安全注意事项。通过掌握这些电梯维护与保养工作的基本知识，我们可以更好地进行电梯维护和保养的相关工作，确保维护保养的电梯安全运行，从而确保乘客在乘坐电梯时的安全与舒适，秉承安全第一、用户至上的服务精神。电梯保养与维修作业，如图7-1所示。

图 7-1　电梯保养与维修作业图

（一）项目分析

电梯维护与保养作业涉及多个方面，工作人员要具备开展电梯维护与保养作业的相关资质条件；熟悉电梯维护与保养的安全操作规范；根据作业内容制定维保计划，并能够根据计划开展维护保养相关作业；电梯维保作业开展前所需的工具、仪表以及个人防护等物品的准备；进行电梯维护作业中，要学会观察电梯的运行状态，运行过程中轿厢

学习笔记

有无抖动、外/内呼叫系统显示是否正常、机房控制柜是否有异味等。通过对电梯维护与保养作业的深入分析，可以更好地理解其重要性和操作要点。

（二）项目引导

引导问题1：电梯维护与保养作业人员需要具备什么条件及素养？

引导问题2：开展电梯维护与保养前的准备工作有哪些？

引导问题3：电梯维护与保养作业过程中有哪些安全注意事项？

知识链接

（一）电梯保养与维修作业

开展电梯维护与保养作业，需要有符合电梯维护与保养作业资质的公司和持有特种设备作业人员资格证书的工作人员，才能开展电梯维护与保养作业。

1．电梯维护与保养作业人员需要具备的条件

① 持有特种设备作业人员资格证书，这是由国家相关部门颁发的证书，证明持证人具备从事电梯安装、维修、保养等工作的资格和能力。在电梯作业领域，持有该证书是上岗的必要条件。

② 具有相关专业背景和工作经验，保养与维修人员应具备机械或电气工程师的专业背景，并且有5年以上的保养与维修经历，同时应有保养与维修过与本合同同类设备（速度、载重量、驱动控制方式等相同）的经历。

2．从事电梯日常维护保养活动的保养与维修单位应当符合以下条件

① 具备从事电梯日常维护保养工作相应的资质。

② 有固定的办公场所，有固定的保养与维修联系电话，24小时有人值守。

③ 配备从事电梯日常维护保养工作相应的业务人员。

④ 定期对电梯维护与保养人员进行安全教育和技术培训。

学习笔记

3．持证上岗的具体要求

① 未取得特种作业人员证书的，不得从事电梯相关作业。此外，从事电梯安装、改造、维修和日常维护保养作业的人员，应当取得相应的《特种设备作业人员证》。

② 至少有1名维保人员驻点医院，并保证电话24小时畅通。在保养与维修时须有2人及以上人员在场进行实施，且维保人员均需持有电梯特种作业T1和T2证。

综上所述，电梯维护与保养工作人员需要持有特种设备作业人员资格证书，具备相关专业背景和丰富的工作经验，并且必须经过安全教育和技术培训，持证上岗。

（二）电梯保养与维修作业的步骤及流程

开始电梯保养与维修前的准备工作是确保整个过程顺利、安全进行的重要步骤。

1．电梯保养与维修作业前的准备工作

① 制定详细的保养与维修计划。

② 与客户工程部或电梯主管部门联系，告知具体的保养计划和梯号，并确认是否可以停梯作业。

③ 准备所需的保养工具和材料，包括双护栏警示标志、绝缘鞋等个人安全防护用品。

2．电梯保养与维修作业

① 保养与维修人员到达现场后，向物业单位管理人员登记报到，并了解平时电梯的运行情况，以便在保养时重点检查。

② 正确放置护栏，做好作业前的防护工作及KYT（危险预知训练），确保无关人员离开现场，并在基站放置警示牌并围好安全围栏。

③ 进入轿内将电梯打到独立状态，检查对讲与监控室通话状态，并告知客户监控室人员现在停此梯保养或检查维修。

④ 对电梯的外观进行检查，包括电梯门、地板、墙壁等部分，确保其完整无损。同时，检查电梯内部的报警系统、紧急呼叫按钮、指示器等是否正常工作。

⑤ 在机房进行控制柜和曳引机等设备保养之前，必须先切断电梯的电源，并在切断电源后进行绝缘测试，以确保安全。

⑥ 如果有配件需要更换，需告知客户并准备相应的配件。同时，确认电梯目前的状态，以便在保养时重点检查。

⑦ 填写保养与维修记录表。

通过以上步骤，可以确保电梯保养与维修工作的顺利进行和安全性。这些准备工作不仅有助于提高工作效率，还能有效避免意外事故的发生。

（三）电梯的日常管理规定

① 电梯管理员每日对电梯作例行检查，如发现有运行不正常或损坏时，应立即停梯检查，并通知保养与维修单位。

② 电梯管理员应加强对电梯钥匙包括机房钥匙、电锁钥匙、轿内操纵箱钥匙、厅门开锁三角钥匙等的管理，禁止任何无关人员取得并使用。

③ 运行中电梯突然出现故障，电梯管理员应以最快的速度救援乘客，及时通知保养与维修单位。

学习笔记

④ 发现电梯设备浸水或底坑进水时，应立即停止使用，设法将电梯轿厢移至安全的地方，并处理。

⑤ 发生火警时，切勿乘搭电梯。

⑥ 禁止超载，超载铃响时，后进者应主动退出。

⑦ 七岁以下儿童、精神病患者及其他病残不能独立使用电梯者，应由有行为能力的人扶助。

⑧ 住户搬家或其他大宗物品需占用电梯时间较长时，必须选择在人流量较少的时候进行。

⑨ 电梯轿厢内的求救警铃、风扇、应急照明等必须保证其工作状态正常可靠，以免紧急情况时发生意外。

⑩ 因保养与维修而影响电梯正常使用时，应至少在首层明显位置悬挂告示牌及设防护栏。

⑪ 电梯使用有效期将满时，应及时督促保养与维修单位申报年度检验。

⑫ 未经许可，不得擅自使用客梯运载货物；超长、超宽、超重、易燃易爆物品禁止进入电梯。

⑬ 禁止在电梯内吸烟、乱涂、乱划等损坏电梯的行为，并做好电梯的日常清洁工作。

（四）电梯维护保养项目（内容）和要求

对电梯的维护保养，应严格按照TSG T5002—2017《电梯维护保养规则》内容进行。

1. 电梯半月维护保养项目（内容）和要求

电梯半月维护保养项目（内容）和要求见表7-1。

表7-1　电梯半月维护保养项目（内容）和要求

序号	维护保养项目（内容）	维护保养基本要求
1	机房、滑轮间环境	清洁，门窗完好，照明正常
2	手动紧急操作装置	齐全，在指定位置
3	驱动主机	运行时无异常振动和异常声响
4	制动器各销轴部位	动作灵活
5	制动器间隙	打开时制动衬与制动轮不应发生摩擦，间隙值符合制造单位要求
6	制动器作为轿厢意外移动保护装置制停子系统时的自监测	制动力人工方式检测符合使用维护说明书要求；制动力自监测系统有记录
7	编码器	清洁，安装牢固
8	限速器各销轴部位	润滑，转动灵活；电气开关正常
9	层门和轿门旁路装置	工作正常
10	紧急电动运行	工作正常
11	轿顶	清洁，防护栏安全可靠
12	轿顶检修开关、停止装置	工作正常
13	导靴上油杯	吸油毛毡齐全，油量适宜，油杯无泄漏

学习笔记

续表

序号	维护保养项目（内容）	维护保养基本要求
14	对重/平衡重块及其压板	对重/平衡重块无松动，压板紧固
15	井道照明	齐全，正常
16	轿厢照明、风扇、应急照明	工作正常
17	轿厢检修开关、停止装置	工作正常
18	轿内报警装置、对讲系统	工作正常
19	轿内显示、指令按钮、IC卡系统	齐全，有效
20	轿门防撞击保护装置（安全触板，光幕、光电等）	功能有效
21	轿门门锁电气触点	清洁，触点接触良好，接线可靠
22	轿门运行	开启和关闭工作正常
23	轿厢平层准确度	符合标准值
24	层站召唤、层楼显示	齐全，有效
25	层门地坎	清洁
26	层门自动关门装置	正常
27	层门门锁自动复位	用层门钥匙打开手动开锁装置释放后，层门门锁能自动复位
28	层门门锁电气触点	清洁，触点接触良好，接线可靠
29	层门锁紧元件啮合长度	不小于7 mm
30	底坑环境	清洁，无渗水、积水，照明正常
31	底坑停止装置	工作正常

2. 电梯季度维护保养项目（内容）和要求

电梯季度维护保养项目（内容）和要求除符合半月维护保养的项目（内容）和要求外，还应当符合表7-2的项目（内容）和要求。

表7-2　电梯季度维护保养项目（内容）和要求

序号	维护保养项目（内容）	维护保养基本要求
1	减速机润滑油	油量适宜，除蜗杆伸出端外均无渗漏
2	制动衬	清洁，磨损量不超过制造单位要求
3	编码器	工作正常
4	选层器动静触点	清洁，无烧蚀
5	曳引轮槽、悬挂装置	清洁，钢丝绳无严重油腻，张力均匀，符合制造单位要求
6	限速器轮槽、限速器钢丝绳	清洁，无严重油腻
7	靴衬、滚轮	清洁，磨损量不超过制造单位要求
8	验证轿门关闭的电气安全装置	工作正常
9	层门、轿门系统中传动钢丝绳、链条、传动带	按照制造单位要求进行清洁、调整
10	层门门导靴	磨损量不超过制造单位要求
11	消防开关	工作正常，功能有效

续表

序号	维护保养项目（内容）	维护保养基本要求
12	耗能缓冲器	电气安全装置功能有效，油量适宜，柱塞无锈蚀
13	限速器张紧轮装置和电气安全装置	工作正常

3．电梯半年维护保养项目（内容）和要求

电梯半年维护保养项目（内容）和要求除符合季度维护保养的项目（内容）和要求外，还应当符合表7-3的项目（内容）和要求。

表7-3　电梯半年维护保养项目（内容）和要求

序号	维护保养项目（内容）	维护保养基本要求
1	电动机与减速机联轴器	连接无松动，弹性元件外观良好，无老化等现象
2	驱动轮、导向轮轴承部	无异常声响，无振动，润滑良好
3	曳引轮槽	磨损量不超过制造单位要求
4	制动器动作状态监测装置	工作正常，制动器动作可靠
5	控制柜内各接线端子	各接线紧固、整齐，线号齐全清晰
6	控制柜各仪表	显示正常
7	井道、对重、轿顶各反绳轮轴承部	无异常声响，无振动，润滑良好
8	悬挂装置、补偿绳	磨损量、断丝数不超过要求
9	绳头组合	螺母无松动
10	限速器钢丝绳	磨损量、断丝数不超过制造单位要求
11	层门、轿门门扇	门扇各相关间隙符合标准值
12	轿门开门限制装置	工作正常
13	对重缓冲距离	符合标准值
14	补偿链（绳）与轿厢、对重接合处	固定，无松动
15	上、下极限开关	工作正常

4．电梯年度维护保养项目（内容）和要求

电梯年度维护保养项目（内容）和要求除符合半年维护保养的项目（内容）和要求外，还应当符合表7-4的项目（内容）和要求。

表7-4　电梯年度维护保养项目（内容）和要求

序号	维护保养项目（内容）	维护保养基本要求
1	减速机润滑油	按照制造单位要求适时更换，保证油质符合要求
2	控制柜接触器、继电器触点	接触良好
3	制动器铁芯（柱塞）	进行清洁、润滑、检查，磨损量不超过制造单位要求
4	制动器制动能力	符合制造单位要求，保持有足够的制动力，必要时进行轿厢装载125%额定载重量的制动试验
5	导电回路绝缘性能测试	符合标准
6	限速器安全钳联动试验（对于使用年限不超过15年的限速器，每2年进行一次限速器动作速度校验；对于使用年限超过15年的限速器，每年进行一次限速器动作速度校验）	工作正常

学习笔记

续表

序号	维护保养项目（内容）	维护保养基本要求
7	上行超速保护装置动作试验	工作正常
8	轿厢意外移动保护装置动作试验	工作正常
9	轿顶、轿厢架、轿门及其附件安装螺栓	紧固
10	轿厢和对重/平衡重的导轨支架	固定，无松动
11	轿厢和对重/平衡重的导轨	清洁，压板牢固
12	随行电缆	无损伤
13	层门装置和地坎	无影响正常使用的变形，各安装螺栓紧固
14	轿厢称重装置	准确有效
15	安全钳钳座	固定，无松动
16	轿底各安装螺栓	紧固
17	缓冲器	固定，无松动

（五）电梯保养与维修工具、仪表

1. 电梯保养与维修常用工具

电梯保养与维修常用工具见表7-5。

表7-5　电梯保养与维修常用工具

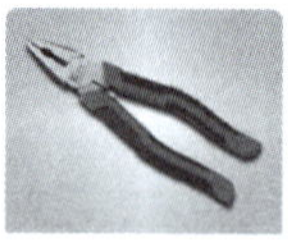	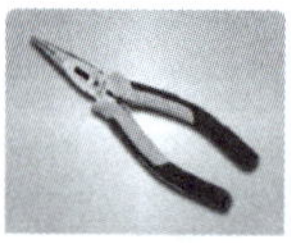		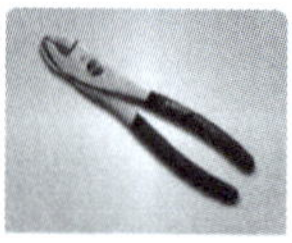
钢丝钳	尖嘴钳	斜口钳	鲤鱼钳
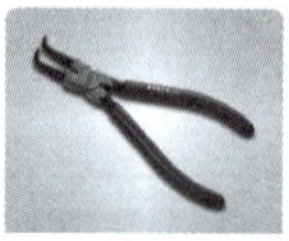		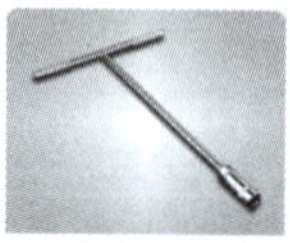	
挡圈钳	梅花/呆口两用扳手	套筒扳手	活动扳手
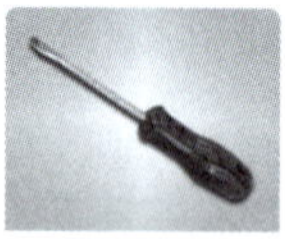	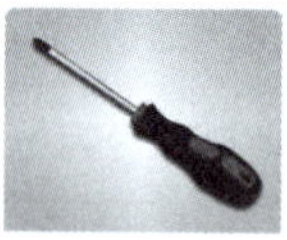		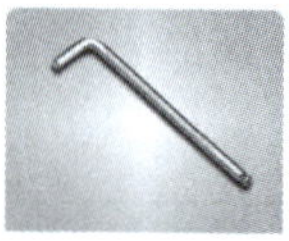
一字螺丝刀	十字螺丝刀	锤子	内六角扳手

2. 电梯保养与维修测量工具

电梯保养与维修测量工具见表7-6。

表7-6　电梯保养与维修测量工具

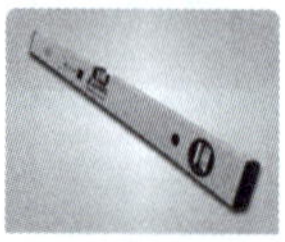	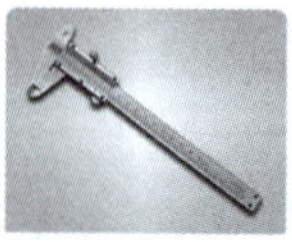	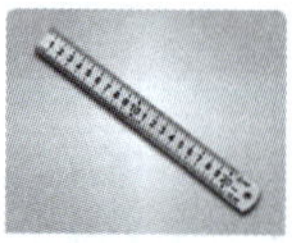	
水平尺	游标卡尺	钢直尺	钢圈尺

学习笔记

续表

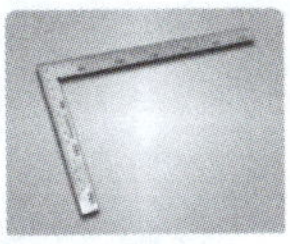		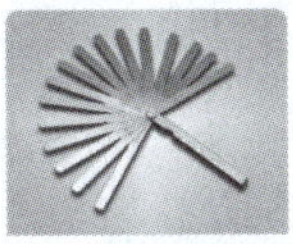	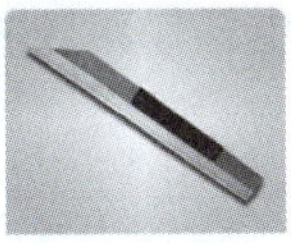
90°直尺	磁力线坠	塞尺	刀口尺
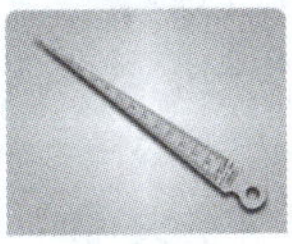			
楔型塞尺	校导尺		

3．电梯保养与维修电工工具

电梯保养与维修电工工具见表7-7。

表7-7　电梯保养与维修电工工具

	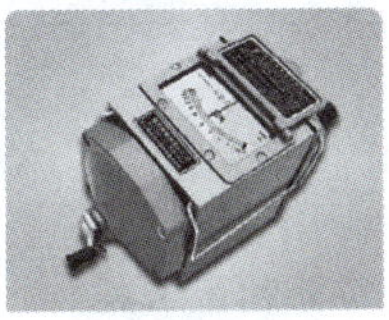		
万用表	摇表/兆欧表	钳形电流表	剥线钳
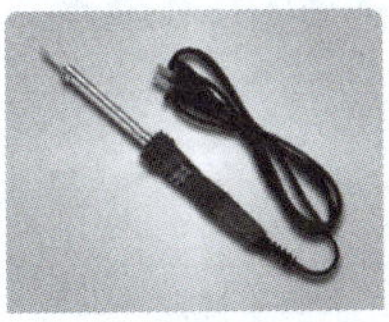	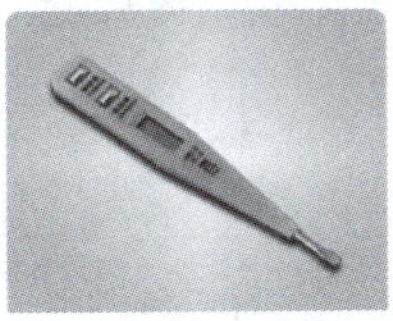	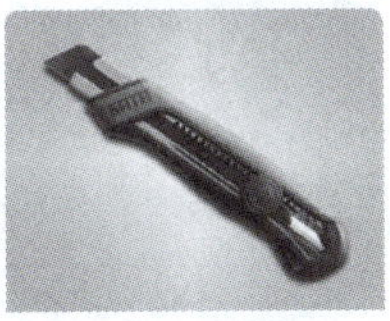	
电烙铁	验电笔	电工刀	

4．电梯保养与维修钳工工具

电梯保养与维修钳工工具见表7-8。

表7-8　电梯保养与维修钳工工具

	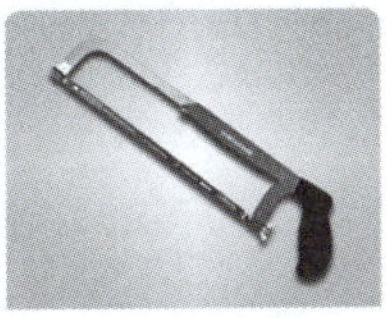	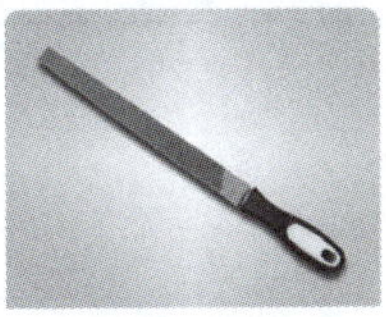	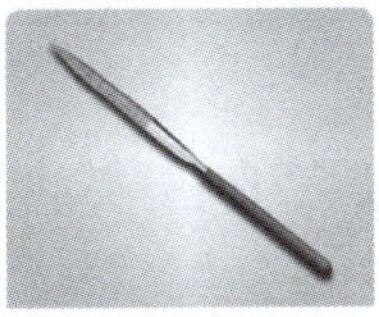
台虎钳	钢锯	锉刀	整形锉
	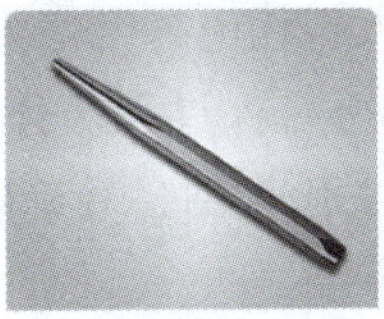	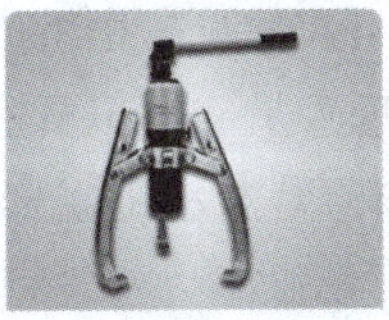	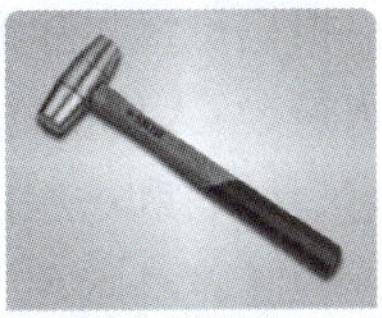
划线盘	中心冲	三爪拉马	铜锤

学习笔记

5．电梯保养与维修切削工具

电梯保养与维修切削工具见表7-9。

表7-9　电梯保养与维修切削工具

手电钻	电锤	冲击钻	小型台钻
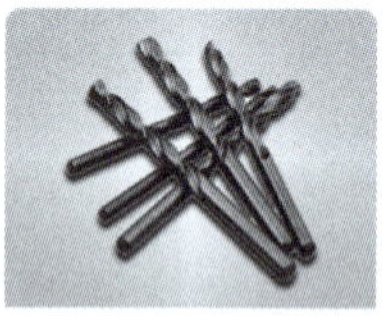			
钻头	角向磨光机		

6．电梯保养与维修起重工具

电梯保养与维修起重工具见表7-10。

表7-10　电梯保养与维修起重工具

			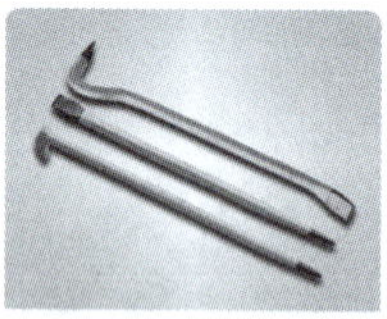
手拉葫芦	滑轮	千斤顶	撬棍

钢丝绳夹	索具卸扣	钢丝绳头	吊带

项目实施

（一）项目分组

根据班级实际情况，4人一组，小组成员2人担任电梯维修人员、1人担任电梯维保公司人员、1人担任物业管理人员，模拟真实电梯半月保过程。分组完成后，小组讨论制订组名、组言和小组LOGO，营造小组凝聚力和文化氛围，并确定任务分工，项目分组表见表7-11。

学习笔记

表7-11　项目分组表

组名	小组 LOGO	组言	团队成员	学号	角色指派	职责
					电梯维保公司人员	
					电梯维修人员 1	
					电梯维修人员 2	
					物业管理人员	

（二）分组实施

任务1：制定电梯半月保计划

根据电梯半月维护保养项目（内容）和要求，制定机电教学楼A梯的维修与保养计划。

视频

自动扶梯维护保养计划制定

任务2：选择电梯维护保养所需相关工具

根据电梯维护与保养（以半月保为例）工作需要，请在表7-12和表7-13表中相应的工具及仪表后面进行选择（打√）

表7-12　电梯维护保养工具准备

工具	名称	作用	是否选用	工具	名称	作用	是否选用
	开口扳手	紧固螺丝			水平尺	测量水平度	
	梅花扳手	紧固螺丝			钢尺	测量尺寸	
	胶锤	修正遮光板		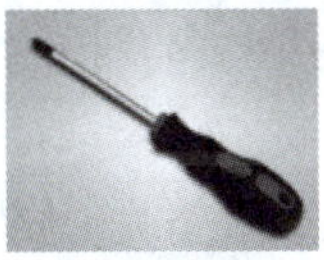	螺丝刀	紧固螺丝	
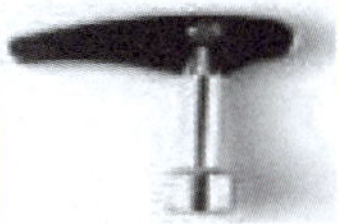	三角钥匙	开启电梯层门			顶门器	限制电梯层门自闭	
	线锤	测量垂直度		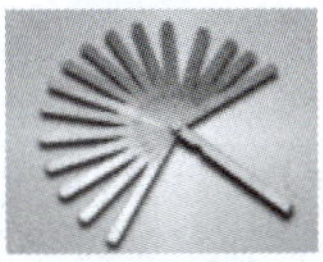	塞尺	测量间隙	
	万用表	检测电路			台虎钳	夹紧加工件	
	钳形表	检测交流电流			安全围栏	保护乘客和维修人员安全	

学习笔记

表7-13　电梯维护保养劳保用品准备

物品	名称	作用	是否选用	物品	名称	作用	是否选用
	手套	防护手			防砸鞋	防护脚	
	头盔	防护头			安全绳	防止坠落事故	
	工作服	防护身体			眼镜	防护眼	

视频

电梯半月保养流程

任务3：电梯维护与保养作业流程（半月保）

（三）模拟演练

模拟电梯维护与保养过程（半月保）。（1.口述步骤及过程；2.填写表7-14所示的保养记录表）

表7-14　电梯半月维护保养记录表

序号	维保项目基本要求	维保情况
1	机房、滑轮间干净、整洁，门窗完好，照明正常	
2	手动紧急操作装置齐全，放置在指定位置	
3	驱动主机运行时无异常振动和异常声响	
4	制动器各销轴部位进行润滑，保证其动作灵活	
5	制动器在打开时制动衬与制动轮不应发生摩擦，间隙值符合制造单位要求	
6	制动器作为轿厢意外移动保护装置制停子系统时的自监测制动力人工方式检测符合使用维护说明书要求；制动力自监测系统有记录	
7	编码器清洁，安装牢固	
8	限速器各销轴部位润滑，转动灵活；电气开关正常	
9	层门和轿门旁路装置工作正常	
10	紧急电动运行工作正常	
11	轿顶清洁，防护栏安全可靠	
12	轿顶检修开关、停止装置工作正常	
13	导靴上油杯吸油毛毡齐全，油量适宜，油杯无泄漏	
14	对重/平衡重块无松动，压板紧固	
15	井道照明齐全，正常	
16	轿厢照明、风扇、应急照明工作正常	

学习笔记

续表

序号	维保项目基本要求	维保情况
17	轿厢检修开关、停止装置工作正常	
18	轿内报警装置、对讲系统工作正常	
19	轿内显示、指令按钮、IC卡系统齐全，有效	
20	轿门防撞击保护装置（安全触板，光幕、光电等）功能有效	
21	轿门门锁电气触点清洁，触点接触良好，接线可靠	
22	轿门运行开启和关闭工作正常	
23	轿厢平层准确度符合标准值	
24	层站召唤、层楼显示齐全，有效	
25	层门地坎清洁	
26	层门自动关门装置正常	
27	用层门钥匙打开手动开锁装置释放后，层门门锁能自动复位	
28	层门门锁电气触点清洁，触点接触良好，接线可靠	
29	层门锁紧元件啮合长度不小于7 mm	
30	底坑环境清洁，无渗水、积水，照明正常	
31	底坑停止装置工作正常	

（四）案例分析

2023年10月18日11时50分许，某市发生一起较大电梯坠落事故，造成4人死亡、16人受伤，直接经济损失784.259万元。

事发经过：2023年10月18日11:49:52电梯停靠四层，轿厢内有1名电梯司机；11:49:58，19名乘客陆续进入事故电梯，电梯司机按下一楼呼梯按钮，轿厢门关闭。11:50:31，电梯向下运行，11:50:43、11:50:44发生连续两次抖动后，11:50:48轿厢下坠至底坑。

事故原因分析：

电梯作业人员原因：____

____

电梯设备公司原因：____

____

物业管理原因：____

____

乘客原因：____

____

预防措施：____

____

学习笔记

项目评价

完成项目后根据学生自评、小组互评和教师评价填写表7-15项目实施评价表。

表7-15　项目实施评价表

序号	评价内容	评分标准	配分	学生自评	小组互评	教师评价
1	制定半月保计划	内容是否正确全面	20分			
2	选定维保需要工具及仪表	所选工具是否正确	20分			
3	电梯维护与保养流程	工作流程是否清晰，可操作性强	20分			
4	模拟演练	内容及步骤是否正确，表达是否清楚	20分			
5	案例分析	案例分析是否正确	10分			
6	安全意识	学生是否能够树立正确的安全意识	10分			
合计			100分			

能力测试

1．判断题

（1）电梯维修人员，必须经专业技术培训和考核，取得特种设备的作业人员资格证书后，方可从事相应工作。（　　）

（2）在电梯机房进行检修或清洁前，应切断动力电源，挂“有人工作，请勿合闸”的警告牌。（　　）

（3）《特种设备安全法》颁布后，特种设备必须投保安全责任保险。（　　）

（4）电梯能否安全运行，与产品质量有关，与电梯作业人员的技术素质和职业道德无关。（　　）

（5）按电动机和曳引轮之间有无减速箱划分，可分为有齿轮曳引机和无齿轮曳引机。（　　）

2．选择题

（1）电梯负载正常，但启动阻力大，运行速度明显低，可能的原因是。（　　）

A．门锁回路故障　　B．安全回路故障

C．曳引绳不均衡　　D．刹瓦未全开

（2）自动开门，不能自动关门。可能的原因是（　　）。

A．开门继电器故障　　B．导向轮缺油

C．关门继电器故障　　D．门锁回路故障

（3）《特种设备安全法》规定：特种设备生产使用单位的（　　），对本单位的特种设备安全负责。

A．书记　　B．主要负责人　　C．厂长　　D．总经理

（4）在轿顶打“检修”与在轿内或机房打“检修”不同点有（　　）。

A．只能轿顶开动　　B．只能轿内开动

学习笔记

C. 只能机房开动　　D. 三处都能开动

（5）轿厢无运行指令时，停靠的层站为（　　）。

A. 基站　　B. 下端站　　C. 二楼　　D. 上端站

项目2　自动扶梯维护与保养基础技能

自动扶梯是一种在公众场所用于运送乘客的常见电力驱动设备，通常安装在大型商场、地铁站、高铁站、机场等人员密集的场所，每天被出行的人员频繁地使用，其特点是可以不间断地运行，持续运送乘客。

自动扶梯的维护与保养工作是确保其正常运行、延长使用寿命、保障乘客安全的关键环节。本项目从自动扶梯的基本结构及控制原理、自动扶梯维护保养的工作流程、自动扶梯维护保养工作的安全操作规程等方面对电梯维护保养工作进行学习，降低自动扶梯事故的发生率，保障人们的生命财产安全，营造一个安全、和谐的乘梯环境。自动扶梯维护与保养工作需要由专业的技术人员按照严格的操作规程和安全标准进行，以确保其的安全、稳定、高效运行。

项目目标

（一）知识与技能

1. 了解自动扶梯的工作原理、各部分的主要构造与功能。
2. 掌握自动扶梯常见故障的分析及排除方法。
3. 熟悉各种检查保修制度，如日、月、季度和年检查保养制度。

（二）过程与方法

1. 通过实际操作和案例分析，学会对自动扶梯进行日常性的保养与维修。
2. 参与制定和执行自动扶梯的维护计划，提高问题解决和决策能力。

（三）情感态度与价值观

1. 培养对自动扶梯维护工作的责任心和安全意识，保障乘客的生命安全。
2. 树立持续学习和不断提升技能的态度，以适应不断更新的技术和标准。
3. 培养精益求精的工匠精神，以严谨、负责的工作态度，一丝不苟完成每一项工作，确保维护扶梯安全运行。

项目描述

本项目旨在熟悉自动扶梯的结构及原理；认识自动扶梯在维护保养工作过程中所需的相关工具及仪表；了解自动扶梯维护保养的内容；掌握自动扶梯维护保养工作的安全规范操作。通过掌握这些自动扶梯维护保养工作的基本知识，我们可以更好地进行自动扶梯维和保养的相关工作，确保维护保养的设备安全运行，从而确保乘客在乘坐扶梯时的安全与舒适。自动扶梯如图7-2所示。

学习笔记

图 7-2　自动扶梯图

（一）项目分析

自动扶梯维护保养涉及机械、电气、润滑等多个方面，工作人员要具备开展电梯维护保养工作的相关资质条件；熟悉自动扶梯的结构和控制原理，掌握维护保养的安全操作规范；能够根据工作内容制定维保计划，并能够根据计划开展维护保养相关工作；准备好维保工作开展前所需的工具、仪表以及个人防护等物品；进行维护保养工作中，要学会观察扶梯的运行状态，运行过程中梯级、扶手带有无抖动、异响、异味；上下机坑是否清洁、控制柜是否有异味等。通过对自动扶梯维护保养工作的深入分析，可以更好地理解其重要性和操作要点。

（二）项目引导

引导问题1：自动扶梯维护保养工作人员需要具备什么条件及素养？

引导问题2：开展自动扶梯维护保养前的准备工作有哪些？

引导问题3：自动扶梯维护保养工作过程中有哪些安全注意事项？

学习笔记

知识链接

（一）自动扶梯的结构原理

1. 自动扶梯的基本构成

自动扶梯是以电力驱动,在一定方向上能够大量、连续运送乘客的开放式运输机械。具有结构紧凑、安全可靠、安装维修简单方便等特点。自动扶梯主要由桁架、驱动减速机、驱动装置、张紧装置、导轨系统、梯级、梯级链（或齿条）、护栏、扶手带以及各种安全装置等组成，如图7-3所示。

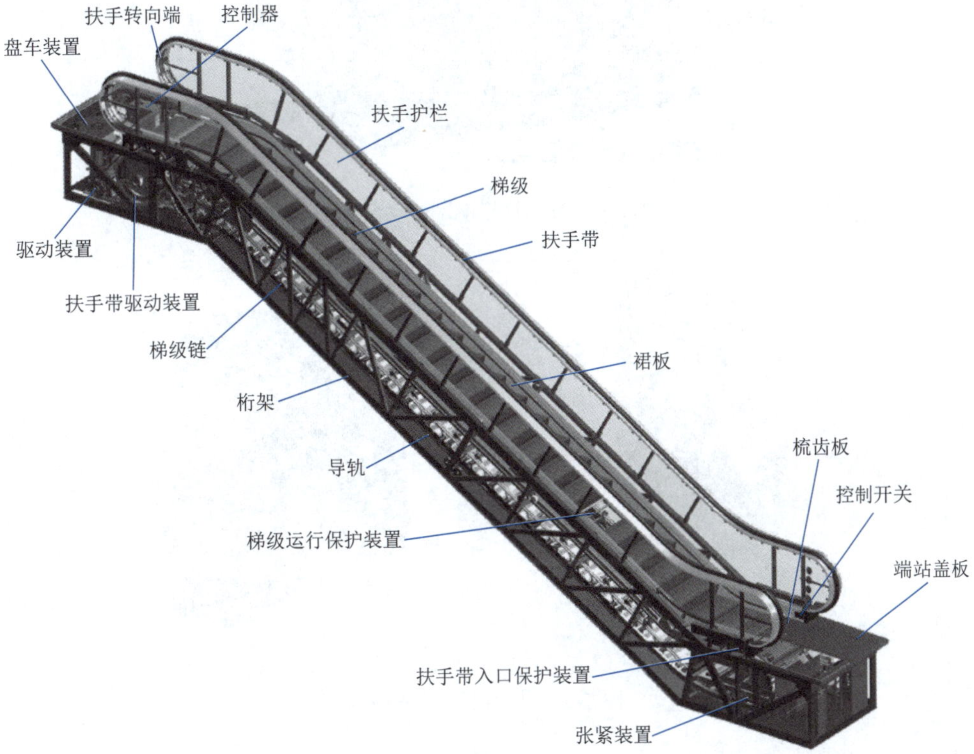

图 7-3　自动扶梯基本结构图

2. 自动扶梯驱动装置结构及运行原理

驱动装置是自动扶梯的动力源，它通过主驱动链条将电动机的动力传递给驱动主轴，由驱动主轴带动梯级链轮以及扶手链轮，从而带动梯级和扶手带的运行。驱动装置由电动机、减速器、制动器、传动链条及驱动和回转方轴等部件组成。按驱动装置所在位置分为端部驱动、中间驱动和分离机房驱动装置三种。这里主要介绍端部驱动装置。

端部驱动装置以牵引链条为牵引件安装在自动扶梯上端部，称为上机房，如图7-4所示。

（1）自动扶梯驱动主机组成

自动扶梯驱动主机主要由电动机、蜗轮蜗杆减速机、链轮、制动器（抱闸）等组成，分为立式和卧式两种。现一般采用立式驱动机，其优点是结构紧凑、占地少、重量轻、

学习笔记

便于维修；噪音低、振动小、平衡性好，而且承载能力大。自动扶梯驱动主机如图7-5所示。自动扶梯驱动主机驱动系统示意图如图7-6所示。

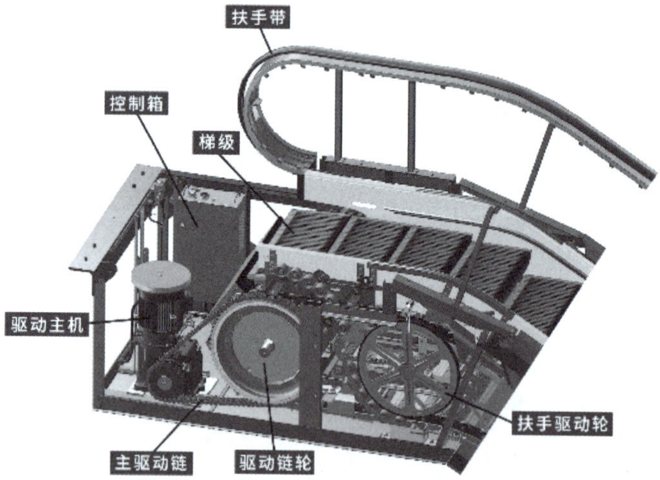

图 7-4　自动扶梯端部驱动装置图

（a）立式驱动主机

（b）卧式驱动主机

图 7-5　自动扶梯驱动主机

图 7-6　自动扶梯驱动主机驱动系统示意图

学习笔记

（2）自动扶梯制动器

制动器是自动扶梯的重要部件之一，在自动扶梯减速、停止、超速、逆转、故障、停电等情况下，可以防止意外事故发生。安装在驱动主机上的制动器称为工作制动器,安装在主驱动轴上的制动器称为附加制动器，当制动器通电时保持正常释放运行，断电时立即制动停止运行。

制动器通常分为块式制动器，带式制动器和盘式制动器三种，如图7-7所示。

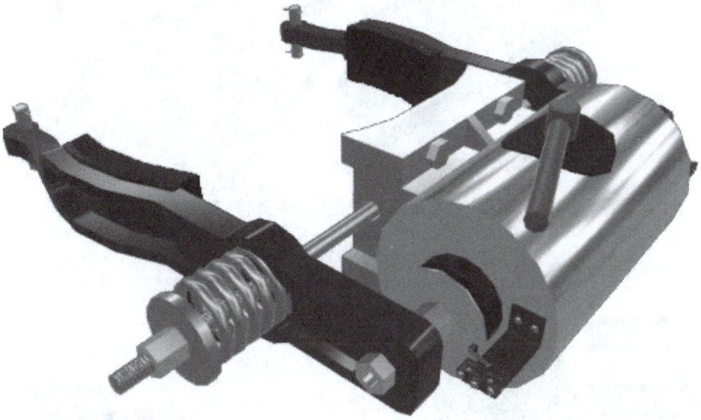

（a）块式制动器

（b）带式制动器

（c）盘式制动器

图 7-7 自动扶梯制动器

（3）自动扶梯驱动主轴

自动扶梯驱动主轴是自动扶梯重要的受力部件，接受来自于电动机的动力，驱动梯级链和扶手带运动。驱动主轴安装在自动扶梯的上端部，轴上有主驱动轮，梯级链轮、扶手驱动链轮和附加制动器。驱动主机与驱动主轴系统图如图7-8所示。驱动主轴结构组成图如图7-9所示。

（4）自动扶梯梯级

自动扶梯的梯级，作为扶梯上直接运输乘客的承载部件，由踏板、踢板、支撑架、主轮、副轮和轴等组成。通常有整体式梯级和装配式梯级两类，如图7-10所示。

学习笔记

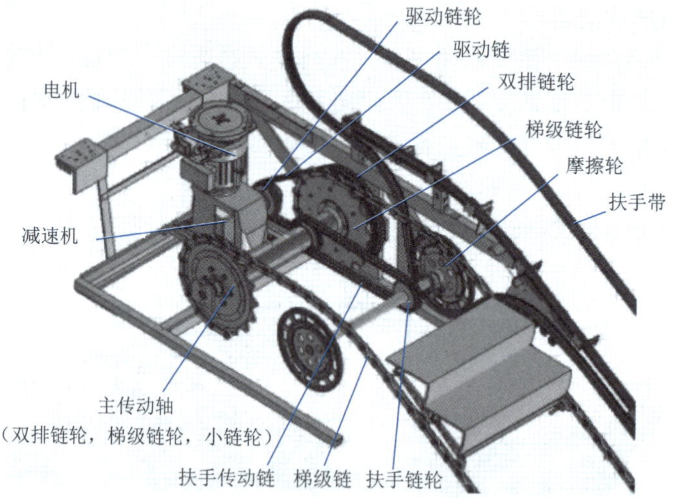

图 7-8　驱动主机与驱动主轴系统图

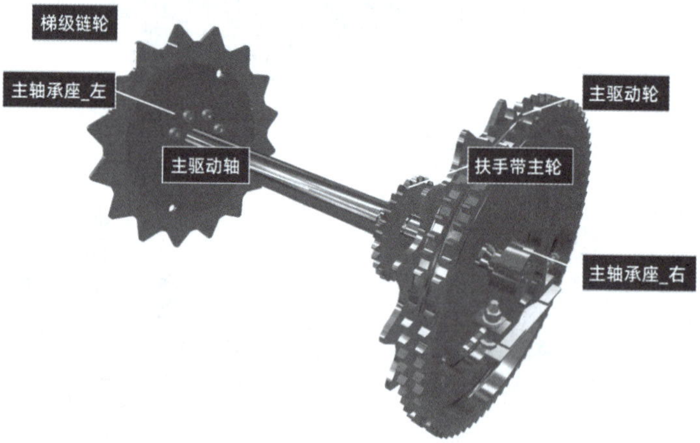

图 7-9　驱动主轴结构组成图

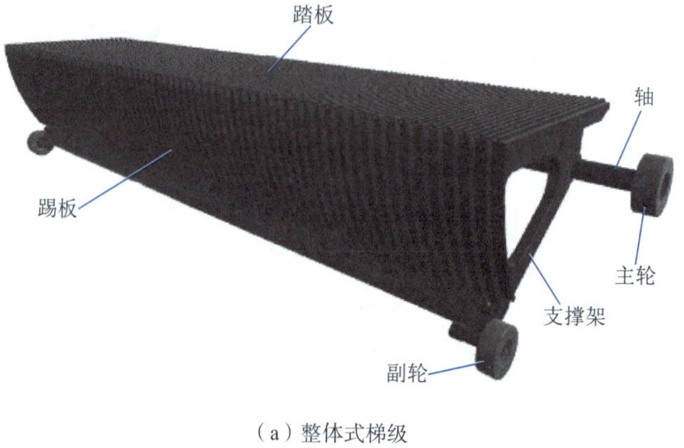

（a）整体式梯级

图 7-10　自动扶梯梯级

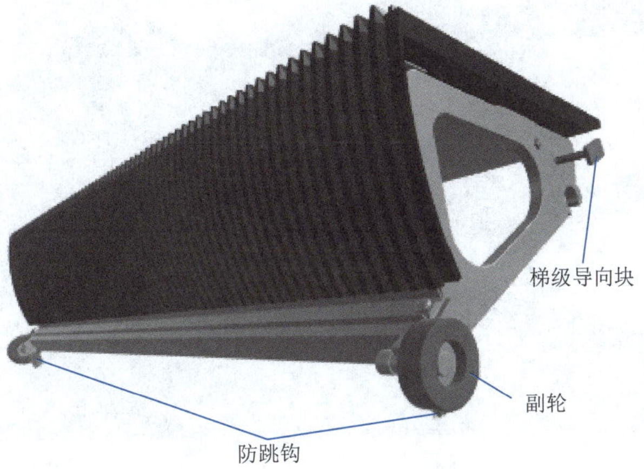

（b）装配式梯级

图 7-10　自动扶梯梯级（续）

（5）自动扶梯梯级链

梯级链由具有永久性润滑的支撑轮支撑，梯级链上的梯级轮可在导轨系统、驱动装置及张紧装置的链轮上平稳运行；梯级链还使负荷分布均匀，防止导轨系统的过早磨损，特别是在反向区两根梯级链由梯级轴连接，保证了梯级链整体运行的稳定性，如图7-11所示。

图 7-11　梯级链示意图

（6）自动扶梯张紧装置

扶梯正常运行时，梯级链在张紧装置的弹簧力作用下保持恒定的张力，以补偿在运转过程中牵引链条的伸长。当梯级链断裂或伸长时，张紧装置产生位移，带动撞块移动，从而使梯级链断裂保护开关动作，扶梯立即停止运行，如图7-12所示。

（7）自动扶梯扶手带系统

扶手带系统主要由张紧滚轮组、压紧滚轮组、转向（导向）滚轮组、支承滚轮组、扶手带导轨构成闭合环路，对扶手带起导向、支承、张紧等作，使扶手带顺利沿着闭合回路运行，如图7-13所示。

学习笔记

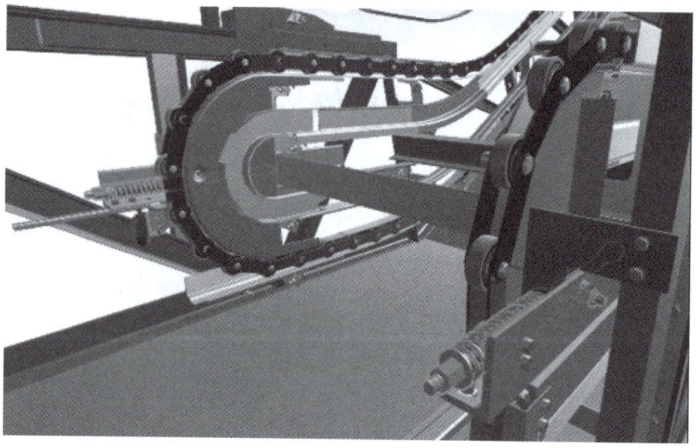

图 7-12　张紧装置示意图

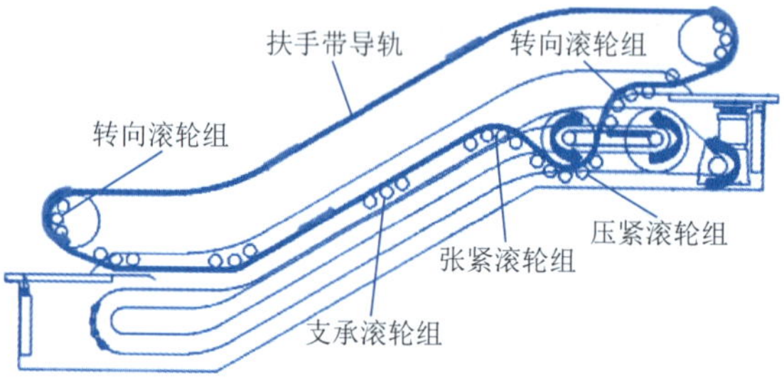

图 7-13　扶手带系统示意图

（二）自动扶梯维护保养作业的劳保用品及相关工具

自动扶梯维护保养作业的劳保用品及相关工具，参照前面电梯维护保养所需工具表7-12和表7-13的相关内容。

（三）扶梯维护保养技能基础知识

扶梯的日常保养维护是确保其安全运行和延长使用寿命的关键。应加强扶梯的日常检查维护。掌握扶梯保养的基础知识和技术规范对于保障乘客安全、延长设备使用寿命具有重要意义。维修人员应严格按照规定进行日常和定期的检查保养，确保扶梯的稳定运行。以下是扶梯保养的一些基本知识和技能：

1. 机械部件检查和调整

① 主驱动链部分，检查皮带是否跑偏，并调整张紧力。

② 梯级链及链轮部分，检查损坏情况，必要时更换。

③ 扶手带部分，检查是否跑偏，调整张紧度和驱动链的跑偏。

④ 梳齿板部分，检查梳齿与梯级踏板面齿槽的间隙和啮合深度。

⑤ 减速器和制动器部分，检查运行状况，确保无杂音、冲击、异常振动和渗漏油。

2. 电器部件检查和保养

① 控制柜各元器件部分，检查压线是否正常，电器安全保护装置是否完好。

② 紧急停止开关部分，确保功能正常。

③ 牵引链断链保护装置部分，检查其功能是否正常。

学习笔记

④ 扶手带出入口保护装置部分，检查弹簧的松紧度和能否触手即开。

3．清洁和润滑

① 扶手带部分，清洁表面并涂抹防滑脂。

② 梯级踏板和梳齿板部分，进行清洁和保养，避免水分滴入引起电气部分短路。

③ 机房清洁，清扫灰尘和油垢，确保电气元件干燥清洁。

4．技术规范和维护制度

① 专职维修人员，应有专职维修人员，并建立值班制度，确保电梯的安全运行。

② 技术培训，维修人员应受过技术培训，取得相应技术等级上岗证书。

③ 日常检查保养，每天进行清扫和巡视性检查，检查主控制柜各种器件情况。

④ 季度检查保养，对各安全装置进行必要的调整，如电磁制动器或液压制动器。

⑤ 年检查保养，组织一次全面性的技术检查，包括外壳接地及电气耐压等。

5．保养作业前的准备

在进行扶梯保养作业前，需要在扶梯梯头、梯尾设置警告防护栏。

6．作业中的注意事项

① 在桁架内工作时，所携带的工具及物品应在工作完毕后，清点齐全，带出桁架，所有工作人员均在桁架外后，扶梯方可启动。

② 启动扶梯前应先按相应按钮，确认扶梯内无人后方可启动。

③ 在扶梯桁架内作业时必须先切断电源，作业前收集扶梯钥匙，作业后清点人数。

④ 电动运行操作者应经常确认周围安全，保持正确的姿势。

⑤ 发生了安全事故应及时处理、采取措施、防止事故扩大。

⑥ 保养作业人员只能在规定的地点吸烟，吸烟须远离易燃品。

⑦ 保养作业现场废物分不同类别，例如可分为可回收和不可回收两类。

（四）自动扶梯维护保养项目（内容）和要求

对自动扶梯的维护保养，应严格按照TSG T5002—2017《电梯维护保养规则》内容进行。主要分为：

1．自动扶梯与自动人行道半月维护保养项目（内容）和要求

自动扶梯与自动人行道半月维护保养项目（内容）和要求见表7-16。

表7-16　自动扶梯半月维护保养项目（内容）和要求

序号	维护保养项目（内容）	维护保养基本要求
1	电器部件	清洁，接线紧固
2	故障显示板	信号功能正常
3	设备运行状况	正常，没有异常声响和抖动
4	主驱动链	运转正常，电气安全保护装置动作有效
5	制动器机械装置	清洁，动作正常
6	制动器状态监测开关	工作正常
7	减速机润滑油	油量适宜，无渗油
8	电机通风口	清洁

学习笔记

续表

序号	维护保养项目（内容）	维护保养基本要求
9	检修控制装置	工作正常
10	自动润滑油罐油位	油位正常，润滑系统工作正常
11	梳齿板开关	工作正常
12	梳齿板照明	照明正常
13	梳齿板梳齿与踏板面齿槽、导向胶带	梳齿板完好无损，梳齿板梳齿与踏板面齿槽、导向胶带啮合正常
14	梯级或者踏板下陷开关	工作正常
15	梯级或者踏板缺失监测装置	工作正常
16	超速或非操纵逆转监测装置	工作正常
17	检修盖板和楼层板	防倾覆或者翻转措施和监控装置有效、可靠
18	梯级链张紧开关	位置正确，动作正常
19	防护挡板	有效，无破损
20	梯级滚轮和梯级导轨	工作正常
21	梯级、踏板与围裙板之间的间隙	任何一侧的水平间隙及两侧间隙之和符合标准值
22	运行方向显示	工作正常
23	扶手带入口处保护开关	动作灵活可靠，清除入口处垃圾
24	扶手带	表面无毛刺，无机械损伤，运行无摩擦
25	扶手带运行	速度正常
26	扶手护壁板	牢固可靠
27	上下出入口处的照明	工作正常
28	上下出入口和扶梯之间保护栏杆	牢固可靠
29	出入口安全警示标志	齐全，醒目
30	分离机房、各驱动和转向站	清洁，无杂物
31	自动运行功能	工作正常
32	紧急停止开关	工作正常
33	驱动主机的固定	牢固可靠

2．自动扶梯与自动人行道季度维护保养项目（内容）和要求

自动扶梯与人行道季度维护保养项目（内容）和要求除符合自动扶梯与人行道半月维护保养的项目（内容）和要求外，还应当符合表7-17的项目（内容）和要求。

表7-17　自动扶梯与人行道季度维护保养项目（内容）和要求

序号	维护保养项目（内容）	维护保养基本要求
1	扶手带的运行速度	相对于梯级、踏板或者胶带的速度允差为0～2％
2	梯级链张紧装置	工作正常
3	梯级轴衬	润滑有效
4	梯级链润滑	运行工况正常
5	防灌水保护装置	动作可靠（雨季到来之前必须完成）

学习笔记

3．自动扶梯与自动人行道半年维护保养项目（内容）和要求

自动扶梯与人行道半年维护保养项目（内容）和要求除符合季度维护保养的项目（内容）和要求外，还应当符合表7-18的项目（内容）和要求。

表7-18　半年维护保养项目（内容）和要求

序号	维护保养项目（内容）	维护保养基本要求
1	制动衬厚度	不小于制造单位要求
2	主驱动链	清理表面油污，润滑
3	主驱动链链条滑块	清洁，厚度符合制造单位要求
4	电动机与减速机联轴器	连接无松动，弹性元件外观良好，无老化等现象
5	空载向下运行制动距离	符合标准值
6	制动器机械装置	润滑，工作有效
7	附加制动器	清洁和润滑，功能可靠
8	减速机润滑油	按照制造单位的要求进行检查、更换
9	调整梳齿板梳齿与踏板面齿槽啮合深度和间隙	符合标准值
10	扶手带张紧度、张紧弹簧负荷长度	符合制造单位要求
11	扶手带速度监控系统	工作正常
12	梯级踏板加热装置	功能正常，温度感应器接线牢固（冬季到来之前必须完成）

4．自动扶梯与自动人行道年度维护保养项目（内容）和要求

自动扶梯与人行道年度维护保养项目（内容）和要求除符合半年维护保养的项目（内容）和要求外，还应当符合表7-19的项目（内容）和要求。

表7-19　年度维护保养项目（内容）和要求

序号	维护保养项目（内容）	维护保养基本要求
1	主接触器	工作可靠
2	主机速度检测功能	功能可靠，清洁感应面、感应间隙符合制造单位要求
3	电缆	无破损，固定牢固
4	扶手带托轮、滑轮群、防静电轮	清洁，无损伤，托轮转动平滑
5	扶手带内侧凸缘处	无损伤，清洁扶手导轨滑动面
6	扶手带断带保护开关	功能正常
7	扶手带导向块和导向轮	清洁，工作正常
8	进入梳齿板处的梯级与导轮的轴向窜动量	符合制造单位要求
9	内外盖板连接	紧密牢固，连接处的凸台、缝隙符合制造单位要求
10	围裙板安全开关	测试有效
11	围裙板对接处	紧密平滑
12	电气安全装置	动作可靠
13	设备运行状况	正常，梯级运行平稳，无异常抖动，无异常声响

学习笔记

项目实施

（一）项目分组

根据班级实际情况，4人一组，2人担任电梯维修人员、1人担任电梯维保公司人员、1人担任物业管理人员，模拟真实电梯半月保过程。分组完成后，小组讨论制订组名、组言和小组LOGO，营造小组凝聚力和文化氛围，并确定任务分工，项目分组表见表7-20。

表7-20　项目分组表

组名	小组LOGO	组言	团队成员	学号	角色指派	职责
					电梯维保公司人员	
					电梯维修人员1	
					电梯维修人员2	
					物业管理人员	

视频

电梯维护保养计划制定

（二）分组实施

任务1：制定自动扶梯半月保计划

根据自动扶梯半月维护保养项目（内容）和要求，制定某大型商场东扶梯的维修与保养计划。

任务2：准备自动扶梯维护与保养需要的工具、仪表、测量工具等相关物品

根据自动扶梯维护与保养（以半月保为例）工作需要，请在表7-21和表7-22中相应的工具及仪后面进行选择（打√）。

表7-21　自动扶梯与人行道维护保养工具选择

工具	名称	作用	是否选用	工具	名称	作用	是否选用
	开口扳手	紧固螺丝			水平尺	测量水平度	
	梅花扳手	紧固螺丝			钢尺	测量尺寸	
	胶锤	修正遮光板		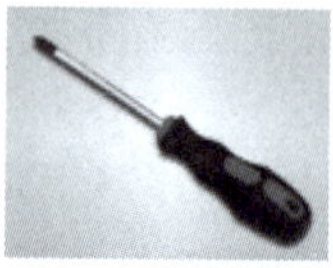	螺丝刀	紧固螺丝	
	三角钥匙	开启电梯层门			顶门器	限制电梯层门自闭	
	线锤	测量垂直度		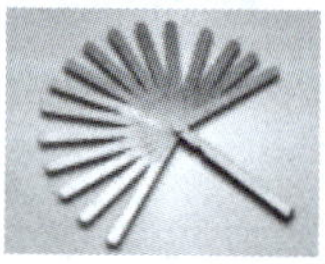	塞尺	测量间隙	

学习笔记

续表

工具	名称	作用	是否选用	工具	名称	作用	是否选用
	万用表	检测电路			台虎钳	夹紧加工件	
	钳形表	检测交流电流		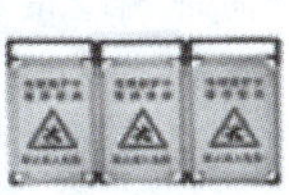	安全围栏	保护乘客和维修人员安全	

表7-22　自动扶梯与人行道维护保养劳保用品选择

物品	名称	作用	是否选用	物品	名称	作用	是否选用
	手套	防护手			防砸鞋	防护脚	
	头盔	防护头		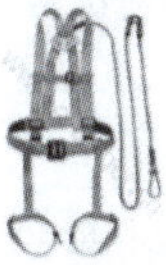	安全绳	防止坠落事故	
	工作服	防护身体			眼镜	防护眼	

任务3：自动扶梯维护与保养工作流程（半月保）

（三）模拟演练

模拟电梯维护与保养过程（半月保）。（1.口述步骤及过程；2.填写表7-23所示的自动扶梯与人行道维护保养记录表）

视频　自动扶梯维护保养步骤流程

表7-23　自动扶梯与人行道半月维护保养记录表

序号	维护保养项目（内容）及基本要求	维保情况
1	电器部件，清洁，接线紧固	
2	故障显示板，信号功能正常	
3	设备运行状况正常，没有异常声响和抖动	
4	主驱动链运转正常，电气安全保护装置动作有效	
5	制动器机械装置清洁，动作正常	
6	制动器状态监测开关，工作正常	
7	减速机润滑油，油量适宜无渗油	
8	电机通风口，清洁	
9	检修控制装置，工作正常	

学习笔记

续表

序号	维护保养项目（内容）及基本要求	维保情况
10	自动润滑油罐油位，油位正常，润滑系统工作正常	
11	梳齿板开关，工作正常	
12	梳齿板照明，照明正常	
13	梳齿板梳齿与踏板面齿槽、导向胶带，梳齿板完好无损，梳齿板梳齿与踏板面齿槽、导向胶带啮合正常	
14	梯级或踏板下陷开关，工作正常	
15	梯级或踏板缺失监测装置，工作正常	
16	超速或非操纵逆转监测装置，工作正常	
17	检修盖板和楼层板，防倾覆或者翻转措施和监控装置有效、可靠	
18	梯级链张紧开关，位置正确，动作正常	
19	防护挡板，有效，无破损	
20	梯级滚轮和梯级导轨，工作正常	
21	梯级、踏板与围裙板之间的间隙，任何一侧的水平间隙及两侧间隙之和符合标准值	
22	运行方向显示，工作正常	
23	扶手带入口处保护开关，动作灵活可靠，清除入口处垃圾	
24	扶手带，表面无毛刺，无机械损伤，运行无摩擦	
25	扶手带运行，速度正常	
26	扶手护壁板，牢固可靠	
27	上下出入口处的照明，工作正常	
28	上下出入口和扶梯之间保护栏杆，牢固可靠	
29	出入口安全警示标志，齐全，醒目	
30	分离机房、各驱动和转向站，清洁，无杂物	
31	自动运行功能，工作正常	
32	紧急停止开关，工作正常	
33	驱动主机的固定，牢固可靠	

项目评价

完成项目后根据学生自评、小组互评和教师评价填写表7-24项目实施评价表。

表7-24　项目实施评价表

序号	评价内容	评分标准	配分	学生自评	小组互评	教师评价
1	制定半月保计划	内容是否正确全面	20分			

学习笔记

续表

序号	评价内容	评分标准	配分	学生自评	小组互评	教师评价
2	选定维保需要工具及仪表	所选工具是否正确	20分			
3	维护与保养流程	工作流程是否清晰，可操作性强	20分			
4	模拟演练	内容及步骤是否正确，表达是否清楚	30分			
5	安全意识	学生是否能够树立正确的安全意识	10分			
合计			100分			

能力测试

1. 判断题

（1）自动扶梯，应站立姿态，不要依靠，不要踩边踩缝。（　　）

（2）严禁将头和身体、肢体探出自动扶梯扶手带外。（　　）

（3）梯级宽 600 mm 的自动扶梯每个梯级可站 2 人。（　　）

（4）梯级牵引链轮和扶手带驱动轮，不由同一驱动主轴驱动。（　　）

（5）自动扶梯或自动人行道，在拆除梯级或踏板时，应该用检修操纵盒操作。（　　）

2. 选择题

（1）扶手带运行方向，应与梯级、踏板方向（　　）。

A. 相同　　B. 相反

C. 方向同速度不同　　D. 方向相反速度相同

（2）《特种设备安全监察条例》规定：特种设备使用单位的作业人员，在作业中应当严格执行特种设备的（　　）。

A. 操作规程　　B. 进度表　　C. 配件表　　D. 装箱单

（3）自动扶梯和倾斜式自动人行道的“附加制动器”应为（　　）式的。

A. 机电　　B. 机械　　C. 气动　　D. 液压

（4）扶梯与自动人行道，在额定载荷时的运行速度，就是（　　）。

A. 名义速度　　B. 额定速度　　C. 慢车速度　　D. 检修速度

（5）任何电气设备在未验明无电之前，一律当作（　　）处理。

A. 无电　　B. 也许有电　　C. 有电　　D. 直接操作

项目 3　电梯故障处理与应急响应

随着现代化城市的发展，电梯已经成为生活中不可缺少的交通工具之一。但是，电梯因故障而发生安全事故时有发生，这些事故往往都会给人们的生命财产安全带来极大的损失。作为电梯专业人员，掌握电梯故障处理与应急响应技能尤为关键，规范电梯应急救援能力，提高电梯突发事件的应变能力，具有重要意义。

学习笔记

项目目标

（一）知识与技能

1. 掌握电梯故障处理与应急响应的基本安全知识。
2. 掌握电梯故障处理与应急响应操作规程。
3. 掌握电梯困人应急救援操作，确保自身和他人的安全。

（二）过程与方法

1. 通过真实电梯故障案例，学习电梯故障处理与应急响应相关知识。
2. 在紧急情况下能够进行有效的自救和互救，将所学知识应用到实际情况中。
3. 通过案例分析和模拟演练，能够反思学习过程，提高实际操作能力和安全意识。

（三）情感态度与价值观

1. 通过学习，理解电梯故障处理与应急响应的重要性，把人民群众的生命财产安全放在首位。

2. 通过参与模拟演练和案例分析，体会电梯故障处理与应急响应的重要性，提高自我保护能力和团队协作能力。

3. 形成全面的学习和工作能力，为未来的职业生涯做好准备。

项目描述

本项目旨在掌握电梯故障处理与应急响应的基本知识。电梯作为现代城市建筑中不可或缺的垂直交通工具，其安全性和可靠性对乘客至关重要。然而，由于各种原因，电梯在使用过程中可能会出现各种故障。学习电梯困人应急救援操作、自动扶梯事故应急措施和救援预案，是提高电梯安全性的重要措施。

（一）项目分析

电梯作为一种垂直交通工具，一旦出现故障，可能会发生乘客被困、坠落等危险事故。电梯坠落事故是近年来频发的严重安全事故，对人们的生命财产安全构成了巨大威胁。典型电梯事故案例的原因多种多样，涉及机械故障、使用不当以及设计缺陷等方面。通过对这些电梯事故的深入分析，了解电梯安全问题的复杂性和多方面的影响因素。学习电梯故障处理与应急响应，有效降低电梯事故的发生，保障公众的生命财产安全。

（二）项目引导

引导问题1：电梯故障处理与应急响应的重要性是什么？

学习笔记

引导问题2：在电梯乘坐过程中，常见故障与处理方法有哪些？

引导问题3：遇到电梯困人应如何进行应急救援操作？

知识链接

（一）电梯坠落事故与预防措施

2015年7月15日18时许，某市某写字楼一员工电梯突发事故，电梯厢从27层开始向下坠落，12层开始直线坠落到一层。截至2015年7月16日，事发后有12人受伤被送进医院，仍有5人住院治疗，多为腰部、腿部骨折。通过以上电梯坠落事故案例，作为电梯维保从业人员，在维保过程中，我们应该怎样做好预防措施？

1. 电梯坠落常见问题

① 电梯轴承脱落。包括轴承材料疲劳、润滑不良、环境污染、安装不当、轴或外壳精度不足、间隙不足等都会引起轴承的损坏、过载负荷、接触器触点被氧化和钥匙卡入导轨等原因。

② 电梯绳断裂。电梯绳是支撑电梯运行的主要装置之一，其断裂可能是由于材料疲劳、缺乏维护、设计或制造缺陷、磨损和腐蚀等原因导致。

③ 电气部件损坏。电梯系统中的电气部件如开关等如果发生故障，也可能导致电梯坠落。长期运行后，电气元件的绝缘可能会因受潮、老化或其他原因导致绝缘击穿，造成电气系统的断路或短路，从而引起电梯故障。触点不良或调整不当，包括自动门锁在内的各种电气元件触点不良或调整不当也会导致电梯控制系统失灵。电线接头松动、断线、开关损坏和电子元件损坏，这些都会导致控制系统断路故障。电源问题，电源供应不稳定或中断，导致无法响应控制指令。外部干扰。温度、湿度、灰尘、振动、冲击、电源电压、电流、频率波动等外部因素，这些都会对电梯控制系统产生干扰，导致其运行不稳定。电磁干扰、零部件损坏等原因。

④ 制动系统故障。电梯的制动系统如果失效，也会导致电梯坠落。

⑤ 违章作业或操作不当。不规范的操作或违反安全规定的行为也会引发电梯事故。

2. 电梯坠落预防措施

① 加强日常维护保养。定期进行检查、维修和更换零部件，以发现并排除安全隐患，降低事故发生的可能性。定期对电梯进行安全检查和评估是确保其正常运行的重要手段。

学习笔记

通过及时发现和消除安全隐患，可以有效预防事故的发生。

② 及时处理异常情况。乘坐电梯时，如发现电梯运转异常或有焦糊味，应立即停用，并告知维保人员，在电梯口摆放警示标志。

③ 避免使用超龄和不符合标准的电梯。确保使用的电梯符合相关安全标准和使用年限要求。

④ 完善应急处置方案。在发生电梯事故后，迅速展开现场处置，保障人员安全和设备正常运行。

⑤ 加强安全意识培训。提高乘客和操作人员的安全意识，避免违章操作和不规范行为。包括加强乘梯安全宣传，物业公司、政府相关部门、电梯公司可以发放电梯急救知识的小册子、播放视频，或者采用电梯内图片提醒等方式，减少盲目自救，减少悲剧发生。在日常生活中，如果遇到电梯停运、被困轿厢，第一时间应该使用电梯内部的紧急救援按钮，通过五方通话装置进行求救。电梯并非密封空间，空气流通正常，不用担心窒息的风险，一旦电话接通，及时通报被困电梯位置，冷静等待救援即可。

⑥ 其他预防措施。实践训练在电梯安全教育中扮演着重要角色。通过模拟演练，参与者可以更深入地了解电梯事故的发生原因及应对方法。例如，可以模拟电梯失控的紧急情况，让参与者学习如何操作紧急制动器和警示按钮；或者在停电情况下，教授自救方法。

开展安全普及活动。如“安全生产月”“安全生产万里行”，通过图文并茂、生动易懂的讲座和宣传片，向公众普及电梯安全知识。例如，某市质监局在幼儿园开展的活动中，通过互动式学习和观看教育片，让孩子们对电梯有感性的认知，并讲解了规范乘坐电梯的基本知识。

3．制定电梯事故应急预案的注意事项

① 保障人员安全。制定电梯事故应急预案是为了减少电梯事故产生时可能造成的损失，保证乘客和员工的生命安全。通过明确的应急措施和救援流程，可以有效避免因恐慌、非理性操作而导致的伤亡事故。

② 提高工作效率。预案的制定可以避免突发事件时的迟疑和混乱，提高应急处理的速度和效率。这有助于迅速响应事故，减少对人员和设备的损害。

③ 维护正常秩序。在发生电梯事故时，及时有效的应急救援能够最大限度地保障乘客的人身安全以及设备安全，维护正常的生产秩序和工作秩序。

④ 降低事故损失。科学、完善的电梯应急预案能够有效应对突发状况，如困人、坠落、电气故障等，从而降低事故造成的财产损失。

⑤ 提高应急救援能力。通过制定和实施电梯事故应急预案，可以提高现场救援小组的应急救援能力，确保他们能够根据故障性质和严重程度确定合理的救援方案。

⑥ 避免二次伤害。在电梯事故发生时，乘客和救援人员需要了解正确的应急救援流程和操作方法，以避免二次伤害和延误救援时机。

（二）自动扶梯事故与应急响应

1．自动扶梯事故常见原因

许多自动扶梯事故源于设备的老化和保养不善。长期运行后，机械部件、驱动系统

学习笔记

以及控制系统可能出现磨损或故障，如果没有得到及时的检查和维护，就可能引发事故。扶梯发出异常噪声可能是由于机械部件松动（如螺丝松动）导致摩擦增加，或者润滑油减少或干涸，部件磨损或损坏也是长期运行造成的自然磨损。少数自动扶梯事故可能源于设计上的缺陷，例如结构异常、破损、开裂、变形、脱落等。公众对自动扶梯的正确使用方式认知不足也是导致事故的一个重要原因。电气方面的故障也可能导致自动扶梯发生事故，需要改进踏板与梳齿板的结合处，改进扶手以及电气方面的问题。

2．自动扶梯事故预防措施

定期检查和维护是确保自动扶梯安全运行的关键。对所有可疑的松动部件进行检查和紧固，并对运动部件进行充分润滑，保持良好的状态。强化自动扶梯的使用监管机制，规范化运行维护作业流程，以确保每一步骤都符合安全标准。提高公众对自动扶梯正确使用方式的认知，通过教育和宣传，增强使用者的安全意识。确立严谨的设计和制造规范，避免因设计缺陷而引起的事故。改进踏板与梳齿板的结合处，改进扶手以及电气方面的问题，以减少因这些关键部件故障引起的事故。

3．自动扶梯或自动人行道的故障处理

当自动扶梯或自动人行道运行中发生故障时，使用管理者应立即使自动扶梯或自动人行道停止运行，以免发生伤人事故，同时通知维保单位进行检修。

当自动扶梯或自动人行道运行中发生事故时，使用管理者应立即使自动扶梯或自动人行道停止运行。如有人员受伤，采取相应救护措施，同时通知维保单位前来救援。

使用管理者一旦发现自动扶梯或自动人行道运行不正常，应立即使自动扶梯或自动人行道停止运行，同时通知维保单位进行检查修理。

自然灾害（如火灾、地震等）警报消除后，应由维保人员对自动扶梯或自动人行道进行全面检查，更换损坏部件，确认没有问题后方可投入使用。

自动扶梯或自动人行道救援结束后，需由维保作业人员对自动扶梯或自动人行道进行全面检修，彻底排除故障后方可投入使用。

（三）电梯其他常见事故与应急响应

1．电梯进水

电梯（指电梯设备或这些设备所在的区域）一旦发生进水情况，应立即切断电梯总电源（包括动力和照明电源），阻止进水后，首先清理机房和井道等处积水。在电梯层门口设置“电梯故障、禁止使用”的警示牌，同时通知电梯维修人员进行维修。

2．发生火警

大楼一旦发生火警，应立即拨打“119”，立即通过消防通道有序疏散建筑物内的人员离开，劝阻人员请勿乘坐电梯。

立即启动电梯的消防迫降运行；如果已配置火警信号和电梯联动功能，则电梯会自动迫降；如果已配置FE或FER功能，请立刻按下该开关使电梯迫降至撤离层，使电梯内乘客快速离开。各建筑物的火灾要求、控制等都不相同，可根据实际情况和电梯的消防功能制定。

3．发生地震

如果有地震预报，应将电梯停在基站，关闭电梯门并切断电梯动力和照明电源；如

学习笔记

果突发地震灾害，应立即使电梯就近平层、开门，使乘客尽快离开轿厢，在条件允许的情况下，立即切断电梯动力和照明电源；具有地震功能的电梯，电梯会自动平层，开门后，乘客立即离开轿厢；在条件允许的情况下，通过通话装置指导轿厢内乘客，当确认轿厢内无人后，切断电梯动力和照明电源。无地震功能的电梯，可通过通话装置指导电梯内乘客使电梯就近平层，开门后立即离开电梯，不得再进入电梯，当确认电梯内无人后，在条件允许的情况下，立即切断电梯动力和照明电源。

4. 电梯困人应急救援操作

（1）电梯困人应急救援操作方法

必须由持有政府主管部门颁发的电梯维修证的专业人员进行困人救援操作。救援人员到达现场需与大楼管理人员取得联系，了解困人的具体情况，与被困人员建立有效的沟通，并在大楼管理人员陪同下实施困人救援工作。救援人员应确认被困轿厢的实际位置，若轿厢处于平层位置或平层附近区域（≤±300 mm）时，救援人员可直接打开层门救出被困乘客。若轿厢处于二层楼之间，需要在机房实施救援。操作步骤如下：

第一步：在机房检修操作电梯，如轿厢能够运行则就近停靠在平层位置，打开层门，救出被困乘客。

第二步：如在机房不能检修运行电梯，则在控制柜内操作“紧急电动运行装置”使电梯轿厢运行，就近停靠在平层位置，打开层门，救出被困乘客。

第三步：以上均不能使电梯轿厢运行，则需执行手动松闸盘车操作（必须二人协同操作）。

① 切断电梯动力电源，设置断电警示牌，建立必要的监护，确保不会因他人误操作而合闸；

② 保留轿厢照明电源，确保轿厢的正常照明；

③ 确认电梯的层门、轿门都处于关闭状态；

④ 通过机房与轿厢的通话装置，告知轿厢内乘客电梯将上下移动，请勿靠近轿门或试图扒开轿门；

⑤ 救援人员A利用手动松闸扳手点动松一下抱闸，观察轿厢是否在重力作用下移动，以确定盘车方向（轿厢处于底层或顶层时分别向上或向下移动轿厢）；如轿厢静止不动，表明轿厢、对重处于平衡状态。救援人员B装上盘车手轮，双手紧握盘车手轮，利用指令信号法通知救援人员A打开并以人力保持抱闸松开，救援人员B利用盘车手轮使轿厢缓慢移动至平层位置；

⑥ 注意观察曳引钢丝绳上的平层位置标识，当电梯移动到平层区域时，释放并取下松闸扳手，然后再取下盘车手轮；

⑦ 救援人员到达轿厢所在楼层，用三角钥匙开启层门门锁，在开启层门时，务必再次确认轿厢位置，并确认乘客在进出时是否存在坠落危险；

⑧ 在确认安全后，打开层门和轿门，救出被困的乘客。

（2）电梯困人事故的善后处理

善后处理：

① 造成电梯轿厢困人在2 h以上的，分公司应迅速采取措施，积极与使用单位电梯管理人员及被困乘客协商，达成共识并妥善处理，避免发酵引起不良影响；同时尽快查明

学习笔记

电梯困人原因，及时维修使电梯恢复正常运行。

② 电梯困人事故处置完毕后，分公司应按照相关规定，及时组织调查，重点查明导致电梯困人事件未能适时解决的原因，并形成调查报告。

③ 根据调查报告内容，对应急救援工作进行总结，找出管理上的薄弱环节，进一步完善应急救援机制，并举一反三，加强对维保员工的专项培训，杜绝类似故障再次发生。

媒体报道：

① 电梯困人事件发展为一般事故的，在媒体报道的内容上要坚持实事求是的原则，在调查清楚之前，严禁向媒体发布推断或个人观点的文稿或谈话。

② 向新闻媒体提供的报道内容必须经分公司总经理的审批并报总部相关部门备案。

5．电梯卡人事故应急救援操作

在电梯卡人事故中，快速有效地进行困人救援需要遵循以下步骤：

① 确认困人情况。首先，了解电梯困人的具体情况，包括电梯所在楼层、被困人数、被困人员的身体状况等信息。然后与电梯内部的人员进行通话，了解他们的状况，并向他们传达相关的安抚和指导。

② 报警通知。立即向相关部门报警，通知他们发生了电梯困人事故，并提供详细的情况信息。

③ 保持冷静。告知被困乘客保持冷静，不要惊慌。大多数情况下，电梯卡顿是可以解决的，并且通常不会有危险。

④ 按下紧急按钮。引导被困乘客按下电梯内的紧急按钮，这样可以通知相关人员或调度中心，他们会尽快赶来处理。

⑤ 与被困乘客取得联系。电梯管理人员通过电话或喊话与被困乘客取得联系，务必使其保持镇静，耐心等待维修人员的救援。被困乘客不可将身体任何部位伸出轿厢外。

⑥ 告知乘客注意事项。告知被困乘客在等待救援期间的注意事项，如不要随意移动或尝试自行脱困，以免发生意外。

⑦ 救援人员到场。救援人员（至少两人）赶到现场，在指定地方拿取电梯机房门钥匙和妨碍进入机房的其他门钥匙以及救援用的工具。

⑧ 安全脱困。在确保安全的前提下，按照标准操作程序进行电梯解困，确保被困乘客的安全脱困。

⑨ 事后整理。事后对电梯进行全面检查和维护，防止类似事故再次发生。

（四）电梯事故应急救援基本知识

电梯事故应急救援是一项复杂且重要的工作，需要遵循一系列原则和步骤，以确保被困人员的安全和电梯设备的正常运行。

1．电梯事故应急救援流程

① 立即报警。当电梯发生事故时，应立即向消防部门报警，并通知电梯维保单位。监控室接到报警后，应立即切断电梯主电源，防止电梯意外启动，但必须保留轿厢照明。

② 通知专业人员。值班人员发现电梯发生紧急情况或接到求助信号后，应当立即通知本单位专业人员（持证）到现场进行处理，同时通知电梯维保单位。

③ 救援准备。救援人员应在30 min内赶到现场，并根据事故的严重程度，决定启动

学习笔记

相应级别的响应。救援人员应具备特种作业岗位上岗证，并在公司备案。

2．救援步骤

① 切断电梯主电源，防止电梯意外启动。

② 通过紧急对讲电话详细询问被困者的状况，并观察电梯内的活动情况。

③ 电梯维保人员接到报警后快速抵达现场，判断轿厢所处位置开始救援。

3．自我保护

乘客在遇到电梯紧急情况时，应采取以下求救和自我保护措施：通过警铃、对讲系统、移动电话或电梯轿厢内的提示方式进行救援；与电梯轿厢门保持一定距离，以防轿厢门突然打开。

4．善后处理

如有乘客重伤，应当按事故报告程序进行紧急事故报告，并向乘客了解事故发生的经过，调查电梯故障原因，协助做好相关的取证工作。

5．演练与培训

为了提高应急救援能力，各单位应定期开展电梯应急救援演练，并记录演习情况备查。通过演练，可以锻炼应急救援队伍的救援能力，确保在实际事故中能够迅速有效地进行救援。

通过以上步骤和措施，可以最大限度地保障乘客的人身安全以及设备的安全，有效预防和控制电梯事故带来的危害。

项目实施

（一）项目分组

根据班级实际情况，4人一组，小组成员分别担任电梯工作人员、电梯设备公司人员、物业管理人员、乘客角色，模拟真实电梯困人应急救援操作过程。分组完成后，小组讨论制订组名、组言和小组LOGO，营造小组凝聚力和文化氛围，并确定任务分工，项目分组表见表7-25。

表7-25　项目分组表

组名	小组LOGO	组言	团队成员	学号	角色指派	职责
					电梯工作人员	
					电梯设备公司人员	
					物业管理人员	
					乘客	

（二）分组实施

根据案例，模拟电梯事故应急救援过程。

学习笔记

（三）模拟演练

任务1：模拟电梯困人事故的善后处理。

任务2：模拟自动扶梯事故的应急救援措施。

（四）案例分析

2024年6月5日傍晚，某市某大楼一台货梯突发故障，在轿厢门未关闭的情况下，载着乘客从1层下降至B2层，导致乘客被困。接到被困人员电话后，大楼物业立刻展开营救。大约6 min后电梯基本复位，轿厢门打开，人员脱困。

事故原因分析：

电梯工作人员原因：________________________________

____

电梯设备公司原因：________________________________

____

物业管理原因：________________________________

____

乘客措施：________________________________

____

预防措施：________________________________

____

学习笔记

项目评价

完成项目后根据学生自评、小组互评和教师评价填写表7-26项目实施评价表。

表7-26 项目实施评价表

序号	评价内容	评分标准	配分	学生自评	小组互评	教师评价
1	电梯坠落事故与预防措施知识讲解	知识讲解是否全面，是否能够引起学生重视	20分			
2	操作示范	操作示范是否标准，是否能够正确引导学生	20分			
3	模拟演练	模拟演练是否贴近实际，是否能够提高学生的实际操作能力	30分			
4	安全意识	学生是否能够树立正确的安全意识	30分			
合计			100分			

注：违反安全操作规程，造成安全事故，本项目不得分。

能力测试

1. 判断题

（1）电梯的极限开关动作后电梯应不能自动恢复运行。（　）

（2）电梯进入检修运行模式时，电梯的安全保护装置应仍然起作用。（　）

（3）设置电梯井道安全门主要是为了方便困人救援而采取的措施，无需设置电气安全装置以验证门的关闭状态。（　）

（4）电梯的极限开关动作后，经专业人员调整，电梯恢复运行。因此极限开关必须非自动复位开关。（　）

（5）电梯手动紧急救援操作装置的盘车手轮和松闸扳手均应漆成黄色。（　）

2. 选择题

（1）电梯安装施工单位进入现场后，首先应做好（　）的安全防护措施。

A. 施工通道　　B. 电梯机房

C. 施工库房　　D. 井道层站口

（2）用手轮盘车升降电梯时，应首先断开机房（　）开关。

A. 控制回路电梯　　B. 安全回路电源

C. 主电源　　D. 总电源

（3）电梯安装人员在井道内安装电梯设备时，为了防止坠落，必须佩戴（　）。

A. 安全帽　　B. 安全带　　C. 绝缘鞋　　D. 手套

（4）电梯作业时，需要穿安全靴，它的特点有（　）。

A. 防砸、防穿刺、防水　　B. 防砸、防穿刺、防滑

C. 防滑、绝缘、防水　　D. 防穿刺、绝缘、防水

（5）操作旋转机械或进行曳引机钢丝绳保养时，作业人员不应佩戴（　）。

A. 安全帽　　B. 手套　　C. 绝缘鞋　　D. 护目镜

学习笔记

拓展阅读

构建电梯产业现代化体系：创新驱动与未来趋势

电梯现代化产业体系是一个综合性的概念，它涵盖了电梯的设计、制造、安装、维护以及与之相关的现代服务业等多个环节。

① 电梯现代化产业体系的特点。

创新驱动：电梯现代化产业体系强调创新驱动，通过技术研发和创新，不断提升电梯的性能、安全性和舒适性。例如，智能化电梯产品的出现，正在改进传统电梯在效率、维修、安全、乘坐体验等方面存在的问题。

产业附加值高：电梯现代化产业体系不仅关注电梯本身的制造和销售，还注重电梯相关的现代服务业的发展，如电梯维护、保养、检测等，这些服务环节为电梯产业带来了更高的附加值。

要素配置高效：电梯现代化产业体系通过优化资源配置，提高生产效率和质量水平。例如，通过引入先进的生产设备和自动化生产线，实现电梯部件的高度统一性和合格率，提高产品质量和生产效率。

生产方式升级：电梯现代化产业体系注重生产方式的升级和转型，推动电梯制造向智能化、绿色化、服务型方向发展。

② 电梯现代化产业体系的发展趋势。

数字化、智能化：随着物联网、大数据、人工智能等技术的不断发展，电梯行业正朝着数字化、智能化的方向发展。智能化电梯产品通过智能传感器和连接性技术实现远程监控与智能控制，极大提升了设备的安全性与效率。

低碳环保：随着可持续发展意识的增强，电梯行业也在积极探索低碳环保的发展路径。例如，通过开发绿色环保材料和高效能电梯系统，降低电梯的能源消耗和环境污染。

服务化：电梯现代化产业体系越来越注重服务环节的发展，通过提供优质的电梯维护、保养、检测等服务，提升客户满意度和忠诚度。同时，电梯企业也在积极探索新的服务模式，如电梯物联网服务、电梯安全评估服务等。

③ 电梯现代化产业体系的构建路径。

完善标准体系：构建科学、合理、完善的电梯标准体系，包括基础共性标准、先进制造标准、现代服务标准及深度融合标准等，为电梯产业的发展提供顶层设计和引领指导作用。

推动技术创新：加强电梯技术的研发和创新，推动电梯产品向智能化、高效化、安全化方向发展。同时，注重知识产权的保护和管理，提升电梯产业的核心竞争力。

优化产业结构：通过兼并重组、战略合作等方式，优化电梯产业结构，提高产业集中度和规模效应。同时，注重培育龙头企业，发挥其在技术创新、市场开拓等方面的引领作用。

强化人才培养：加强电梯产业人才的培养和引进，提高产业人才素质和创新能力。通过校企合作、产学研结合等方式，培养一批具有专业技能和创新精神的电梯产业人才。

电梯现代化产业体系是一个以创新驱动、产业附加值高、要素配置高效、生产方式升级为特点的综合性产业体系。未来，随着技术的不断进步和市场的不断发展，电梯现代化产业体系将呈现出更加广阔的发展前景。

附录A

电梯的术语

学习笔记

电梯的常用术语非常丰富，涵盖了电梯的设计、构造、操作和维护等多个方面，是理解和交流电梯技术和专业知识的重要组成部分。以下是一些常用的电梯术语及其含义。

1. 一般术语

额定乘客人数(number of passenger)：电梯设计限定的最多允许乘客数量（包括司机在内）。

额定速度(rated speed)：电梯设计所规定的轿厢运行速度。

检修速度(inspection speed)：电梯检修运行时的速度。

额定载重量(rated load;rated capacity)：电梯设计所规定的轿厢载重量。

提升高度(traveling height;lifting height)：从底层端站地坎上表面至顶层端站地坎上表面之间的垂直距离。

机房(machine room)：安装一台或多台电梯驱动主机及其附属设备的专用房间。

机房高度(machine room height)：机房内垂直于地板装饰面与天花板之间的最小距离。

机房宽度(machine room width)：机房内平行于轿厢宽度方向测量的水平距离。

机房深度(machine room depth)：垂直于机房宽度的水平距离。

辅助机房(secondary machine room;secondary floor)：包括隔层、滑轮间，因设计需要，在井道顶设置的房间，不用于安装驱动主机，可以作为隔音层，也可用于安装滑轮、限速器和电气设备等。

层站(landing)：各楼层用于出入轿厢的地点。

基站(main landing;main floor;home landing)：轿厢无投入运行指令时停靠的层站。一般位于乘客进出最多并且方便撤离的建筑物大厅或底层端站。

预定层站(predetermined landing)：待梯层站，并联或群控控制的电梯轿厢无运行指令时，指定停靠待命运行的层站。

底层端站(bottom terminal landing)：最低的轿厢停靠站。

顶层端站(top terminal landing)：最高的轿厢停靠站。

层间距离(floor to floor distance;interfloor distance)：两个相邻停靠层站层门地坎之间的垂直距离。

井道(well;shaft;hoistway)：保证轿厢、对重（平衡重）和（或）液压缸柱塞安全运行所需的建筑空间。

注：井道空间通常以底坑底、井道壁和井道顶为边界。

学习笔记

单梯井道(single well)：只供一台电梯运行的井道。

多梯井道(multiple well;common well)：可供两台或两台以上电梯平行运行的井道。

井道壁(well enclosure;shaft wall)：用来隔开井道和其他场所的结构。

井道宽度(well width;shaft width)：平行于轿厢宽度方向测量的两井道内壁之间的水平距离。

井道深度(well depth;shaft depth)：垂直于井道宽度方向测量的井道壁内表面之间的水平距离。

底坑(pit)：底层端站地面以下的井道部分。

底坑深度(pit depth)：底层端站地坎上平面到井道底面之间的垂直距离。

顶层高度(overhead;headroom height)：顶层端站地坎上平面到井道天花板（不包括任何超过轿厢轮廓线的滑轮）之间的垂直距离。

井道内牛腿(haunched beam)：加腋梁，位于各层站出入口下方井道内侧，供支撑层门地坎所用的建筑物突出部分。

围井(trunk)：船用电梯用的井道。

围井出口(hatch)：在船用电梯的围井上，水平或垂直设置的门口。

开锁区域(unlocking zone)：层门地坎平面上、下延伸的一段区域。当轿厢停靠该层站，轿厢地坎平面在此区域内时，轿门、层门可联动开启。

平层(leveling)：在平层区域内，使轿厢地坎平面与层门地坎平面达到同一平面的运动。

平层区(leveling zone)：轿厢停靠站上方和（或）下方的一段有限区域。在此区域内可以用平层装置来使轿厢运行达到平层要求。

平层准确度(stopping accuracy)：轿厢依控制系统指令到达目的层站停靠后，门完全打开，在没有负载变化的情况下，轿厢地坎上平面与层门地坎上平面之间垂直方向的最大差值。

平层保持精度(leveling accuracy)：电梯装卸载过程中轿厢地坎和层站地坎间垂直方向的最大差值。

再平层(re-leveling)：微动平层，当电梯停靠开门期间，由于负载变化，检测到轿厢地坎与层门地坎平层差距过大时，电梯自动运行使轿厢地坎与层门地坎再次平层的功能。

轿厢出入口(car entrance)：在轿厢壁上的开口部分，它构成从轿厢到层站之间的正常通道。

轿厢出入口宽度(entrance width；door opening width)：层门和轿门完全打开时测量的出入口净宽度。

轿厢出入口高度(entrance height)：层门和轿门完全打开时测量的出入口净高度。

轿厢宽度(car width)：平行于设计规定的轿厢主出入口，在离地面以上1 m处测量的轿厢两内壁之间的水平距离，装饰、保护板或扶手，都应当包含在该距离之内。

轿厢深度(car depth)：垂直于设计规定的轿厢主出入口，在离地面以上1 m处测量的轿厢两内壁之间的水平距离，装饰、保护板或扶手，都应当包含在该距离之内。

轿厢高度(car height)：在轿厢内测得的轿厢地板到轿厢结构的顶部之间的垂直距离，照明灯罩和可拆卸的吊顶应包括在上述距离之内。

学习笔记

电梯司机(lift attendant)：经过专门训练、有合格操作证的经授权操纵电梯的人员。

液压缓冲器工作行程(working stroke of oil buffer)：液压缓冲器柱塞端面受压后所移动的最大允许垂直距离。

弹簧缓冲器工作行程(working stroke of spring buffer)：弹簧受压后变形的最大允许垂直距离。

轿底间隙(bottom clearances for car)：轿厢使缓冲器完全压缩时，从底坑地面到安装在轿厢底下部最低构件的垂直距离（最低构件不包括导靴、滚轮、安全钳和护脚板）。

轿顶间隙(top clearances for car)：对重使它的缓冲器完全压缩时，从轿厢顶部最高部分至井道顶部最低部分的垂直距离。

对重装置顶部间隙(top clearances for counterweight)：轿厢使缓冲器完全压缩时，对重装置最高的部分至井道顶部最低部分的垂直距离。

电梯曳引型式(traction types of lift)：曳引机驱动的电梯，曳引机在井道上方（或上部）的为上置曳引型式；曳引机在井道侧面的为侧置曳引型式；曳引机在井道下方（或下部）的为下置曳引型式。

电梯曳引绳曳引比(hoist ropes ratio of lift)：悬吊轿厢的钢丝绳根数与曳引轮轿厢侧下垂的钢丝绳根数之比。

2. 功能术语

火灾应急返回(emergency fire operation;fire emergency return)：操纵消防开关或接受相应信号后，电梯将直驶回到设定楼层，进入停梯状态。

消防员服务(fireman service)：操纵消防开关使电梯投入消防员专用状态的功能。该状态下，电梯将直驶回到设定楼层后停梯，其后只允许经授权人员操作电梯。

独立操作(independent operation;independent service)：专用服务，通过专用开关转换状态，电梯将只接受轿内指令，不响应层站召唤(外呼)的服务功能。

紧急电源操作(emergency power operation)：当电梯正常电源断电时，电梯电源自动转接到用户的应急电源，群组轿厢按流程运行到设定层站，开门放出乘客后，按设计停运或保留部分运行。

自动救援操作(automatic rescue operation;auto leveling rescue)：停电自动平层，当电梯正常电源断电时，经短暂延时后，电梯轿厢自动运行到附近层站，开门放出乘客，然后停靠在该层站等待电源恢复正常。

防捣乱功能(anti-nuisance car call protection)：当检测到轿内选层指令明显异常时，取消已登记的轿内运行指令的功能。

地震管制(seismic function;earthquake function)：地震发生时，对电梯的运行做出管制，以保障电梯乘客安全的功能。

运行次数计数器(operation counter)：对电梯的运行次数做出累计并显示的计数器。

超载保护(overload protect)：电梯超载时，轿内发出音频或视频信号，并保持开门状态，不允许起动。

满载直驶(full-load non-stop)：轿厢载荷超过设定值时，电梯不响应沿途的层站召唤，按登记的轿内指令行驶。

学习笔记

误指令消除(car call cancellation)：可以取消轿内误登记指令的功能。

门受阻保护(door overload protect)：当电梯在开、关门过程中受阻时，电梯门向相反方向动作的功能。

提前开门(in advance door open)：为提高运行效率，在电梯进入开锁区域内，在平层过程中即进行开门动作的功能。

驻停(parking;stop lift)：退出运行，当启动此功能开关后，电梯不再响应任何层站召唤，在响应完轿内指令后，自动返回指定楼层停梯。

语音报站(speech synthesis service;speech report station)：语音通报轿厢运行状况和楼层信息的功能。

关门保护(door closing protection)：在关门过程中，通过安装在轿厢门口的光电信号或机械保护装置，当探测到有人或物体在此区域时，立即重新开门。

对接操作(docking operation)：在特定条件下，为了方便装卸货物的货梯，在采取了适当的安全措施之后，在轿门和层门均开启的情况下，在规定距离内，使轿厢从平层位置低速向上运行，与运载货物设备相接的操作。

检修操作(inspection operation)：在电梯检修状态下，手动操作检修控制装置使电梯轿厢以检修速度运行的操作。

隔层停靠操作(skip-stop operation)：相邻两台电梯共用一个候梯厅，其中一台电梯服务于偶数层站，而另一台电梯服务于奇数层站的操作。

3．电梯零部件

缓冲器(buffer)：位于行程端部，用来吸收轿厢或对重动能的一种缓冲安全装置。

液压缓冲器(hydraulic buffer;oil buffe)：以液体作为介质吸收轿厢或对重动能的一种耗能型缓冲器。

弹簧缓冲器(spring buffer)：以弹簧变形来吸收轿厢或对重动能的一种蓄能型缓冲器。

非线性缓冲器(non-linear buffer)：以非线性变形材料来吸收轿厢或对重动能的一种蓄能型缓冲器。

减振器(vibration absorber)：用来减小电梯运行振动和噪声的装置。

轿厢(car;lift car)：电梯中用以运载乘客或其他载荷的箱形装置。

轿底(car platform;platform)：轿厢底，在轿厢底部，支承载荷的组件。它包括地板、框架等构件。

轿厢壁(car enclosures;car walls)：轿壁，与轿厢底、轿厢顶和轿厢门围成一个封闭空间的板形构件。

轿顶(car roof)：轿厢顶，在轿厢的上部，具有一定强度要求的顶盖。

轿厢装饰顶(car ceiling)：轿厢内顶部装饰部件。

轿厢扶手(car handrail)：固定在轿厢内的扶手。

轿顶防护栏杆(car top protection balustrade)：设置在轿顶上方，对维修人员起保护作用的构件。

轿架(car frame)：轿厢架，固定和支撑轿厢的框架。

门机(door operator)：使轿门和（或）层门开启或关闭的装置。

学习笔记

检修门(access door)：开设在井道壁上，通向底坑或滑轮间供检修人员使用的门。

手动门(manually operated door)：靠人力开关的轿门或层门。

自动门(power operated door)：靠动力开关的轿门或层门。

层门(landing door;shaft door;hall door)：厅门，设置在层站入口的门。

防火层门(fire-proof door)：防火门，能防止或延缓炽热气体或火焰通过的一种层门。

轿门(car door)：轿厢门，设置在轿厢入口的门。

门保护装置(door protection device)：

（1）安全触板(safety edges for door;safety shoe)：在轿门关闭过程中，当有乘客或障碍物触及时，使轿门重新打开的机械式门保护装置。

（2）光幕(safety curtain for door)：在轿门关闭过程中，当有乘客或物体通过轿门时，在轿门高度方向上的特定范围内可自动探测并发出信号使轿门重新打开的门保护装置。

（3）单光束保护装置(light-ray device protection)：电眼，在轿门关闭过程中，当有乘客或物体通过轿门时，在轿门高度方向上的某一点或数个特定点可自动探测并发出信号使轿门重新打开的门保护装置。

铰链门(外敞开式)(hinged doors)：门的一侧为铰链联接，由井道向候梯厅方向开启的层门。

栅栏门(collapsible door)：可以折叠，关闭后成栅栏形状的层门或轿门。

水平滑动门(horizontally sliding door)：沿门导轨和地坎槽水平滑动开启的门。

中分门(center opening door)：层门或轿门门扇由门口中间分别向左、右开启的层门或轿门。

旁开门(two-speed sliding door;two-panel sliding door;two speed door)：层门或轿门的门扇向同一侧开启的层门或轿门。

左开门(left hand two speed sliding door)：站在层站面对轿厢，门扇向左方向开启的层门或轿门。

右开门(right hand two speed sliding door)：站在层站面对轿厢，门扇向右方向开启的层门或轿门。

中分多折门(center opening multiple speed door)：层门或轿门门扇由门口中间分别向左、右两侧开启，每侧有数量相同的多个门扇的层门或轿门，门扇打开后呈折叠状态。例如：中分四扇，中分六扇等。

旁开多折门(slide opening multiple speed door)：有多个门扇，各门扇向同侧开启的层门或轿门。

垂直滑动门(vertically sliding door)：沿门两侧垂直门导轨滑动向上或下开启的层门或轿门。

垂直中分门(bi-parting door)：门扇由门口中间分别向上、下开启的层门或轿门。

曳引绳补偿装置(compensating device for hoist ropes)：用来补偿电梯运行时因曳引绳造成的轿厢和对重两侧重量不平衡的部件。

补偿链装置(compensating chain device)：用金属链构成的曳引绳补偿装置。

补偿绳装置(compensating rope device)：用钢丝绳和张紧轮构成的曳引绳补偿装置。

补偿绳防跳装置(anti-rebound of compensation rope device)：当补偿绳张紧装置由于惯性力作用超出限定位置时，能使曳引机停止运转的安全装置。

地坎(sill)：轿厢或层门入口处的带槽踏板。

轿顶检修装置(inspection device on top of car)：设置在轿顶上方，供检修人员检修时使用的装置。

轿顶照明装置(car top light)：设置在轿顶上方，供检修人员检修时照明的装置。

底坑检修照明装置(light device for pit inspection)：设置在井道底坑，供检修人员检修时照明的装置。

轿厢位置显示装置(car position indicator)：设置在轿厢内，显示其运行位置和（或）方向的装置。

层门门套(landing door jamb)：装饰层门门框的构件。

层门位置显示装置(landing indicator;hall position indicator)：设置在层门上方或一侧，显示轿厢运行位置和方向的装置。

层门方向显示装置(landing direction indicator)：设置在层门上方或一侧，显示轿厢运行方向的装置。

控制屏(control panel)：有独立的支架，支架上有金属绝缘底板或横梁，各种电子器件和电器元件安装在底板或横梁上的一种屏式电控设备。

控制柜(controller;control cabinet)：各种电子器件和电器元件安装在一个有防护作用的柜形结构内的电控设备。

操纵盘(operation panel;car operation panel)：操纵箱，用开关、按钮操纵轿厢运行的电气装置。

报警按钮(alarm button)：设置在操纵盘上用于报警的按钮。

急停按钮(stop button;stop switch;stopping device)：停止按钮，能断开控制电路使轿厢停止运行的按钮。

梯群监控盘(group control supervisory panel;monitor panel)：梯群控制系统中，能集中反映各轿厢运行状态，可供管理人员监视和控制的装置。

曳引机(traction machine)：包括电动机、制动器和曳引轮在内的靠曳引绳和曳引轮槽摩擦力驱动或停止电梯的装置。

有齿轮曳引机(geared machine)：电动机通过减速齿轮箱驱动曳引轮的曳引机。

无齿轮曳引机(gearless machine)：电动机直接驱动曳引轮的曳引机。

曳引轮(driving sheave;traction sheave)：曳引机上的驱动轮。

曳引绳(hoist ropes)：连接轿厢和对重装置，并靠与曳引轮槽的摩擦力驱动轿厢升降的专用钢丝绳。

绳头组合(rope fastening)：曳引绳与轿厢、对重装置或与机房承重梁等承载装置连接用的部件。

端站停止开关(terminal stopping device)：当轿厢超越了端站后，强迫其停止的保护开关。

平层装置(leveling device)：在平层区域内，使轿厢达到平层准确度要求的装置。

学习笔记

平层感应板(leveling inductor plate)：可使平层装置动作的板。

极限开关(final limit switch)：当轿厢运行超越端站停止开关后，在轿厢或对重装置接触缓冲器之前，强迫电梯停止的安全装置。

超载装置(overload device;overload indicator)：当轿厢超过额定载重量时，能发出警告信号并使轿厢不能运行的安全装置。

称量装置(weighing device)：能检测轿厢内载荷值，并发出信号的装置。

呼梯盒(hall buttons)：召唤盒，设置在层站门一侧，召唤轿厢停靠在呼梯层站的装置。

随行电缆(traveling cable)：连接于运行的轿厢底部与井道固定点之间的电缆。

随行电缆架(traveling cable support)：架设随行电缆的部件。

钢丝绳夹板(rope clamp)：夹持曳引绳，能使绳距和曳引轮绳槽距保持一致的部件。

绳头板(rope hitch plate)：架设绳头组合的部件。

导向轮(deflector sheave)：为增大轿厢与对重之间的距离，使曳引绳经曳引轮再导向对重装置或轿厢一侧而设置的绳轮。

复绕轮(secondary sheave;double wrap sheave;sheave traction secondary)：为增大曳引绳对曳引轮的包角，将曳引绳绕出曳引轮后经绳轮再次绕入曳引轮，这种兼有导向作用的绳轮为复绕轮。

反绳轮(diversion sheave)：设置在轿厢架和对重框架上部的动滑轮。根据需要曳引绳绕过反绳轮可以构成不同的曳引比。

导轨(guide rails;guide)：供轿厢和对重（平衡重）运行的导向部件。

空心导轨(hollow guide rail)：由钢板经冷轧折弯成空腹T型的导轨。

导轨支架(rail brackets;rail support)：固定在井道壁或横梁上，支撑和固定导轨用的构件。

导轨连接板(件)(fishplate)：紧固在相邻两根导轨的端部底面，起连接导轨作用的金属板(件)。

导轨润滑装置(rail lubricate device)：设置在轿厢架和对重框架上端两侧，为保持导轨与滑动导靴之间有良好润滑的自动注油装置。

承重梁(machine supporting beams)：敷设在机房楼板上面或下面、井道顶部，承受曳引机自重及其负载和绳头组合负载的钢梁。

底坑隔障(pit protection grid)：设置在底坑，位于轿厢和对重装置之间，对维修人员起防护作用的隔障。

速度检测装置(tachogenerator)：检测轿厢运行速度，将其转变成电信号的装置。

盘车手轮(hand wheel;Wheel;manual wheel)：靠人力使曳引轮转动的专用手轮。

制动器扳手(brake wrench)：松开曳引机制动器的手动工具。

机房层站指示器(landing indicator in machine room)：设置在机房内，显示轿厢运行所处层站的信号装置。

选层器(floor selector)：一种机械或电气驱动的装置。用于执行或控制下述全部或部分功能，包括确定运行方向、加速、减速、平层、停止、取消呼梯信号、门操作、位置显示和层门指示灯控制。

学习笔记

钢带传动装置(tape driving device)：通过钢带，将轿厢运行状态传递到选层器的装置。

限速器(overspeed governor;governor)：当电梯的运行速度超过额定速度一定值时，其动作能切断安全回路或进一步导致安全钳或上行超速保护装置起作用，使电梯减速直到停止的自动安全装置。

限速器张紧轮(governor tension pulley)：张紧限速器钢丝绳的绳轮装置。

安全钳(safety gear)：限速器动作时，使轿厢或对重停止运行保持静止状态，并能夹紧在导轨上的一种机械安全装置。

瞬时式安全钳(instantaneous safety gear)：能瞬时使夹紧力达到最大值，并能完全夹紧在导轨上的安全钳。

渐进式安全钳(progressive safety gear;gradual safety)：采取弹性元件，使夹紧力逐渐达到最大值，最终能完全夹紧在导轨上的安全钳。

钥匙开关(key switch board)：专职人员使用钥匙才能使电梯投入运行或停止的电气装置。

门锁装置(door interlock;door locking device;locks)：联锁装置，轿门与层门关闭后锁紧，同时接通控制回路，轿厢方可运行的机电联锁安全装置。

层门安全开关(landing door safety switch)：当层门未完全关闭时，使轿厢不能运行的安全装置。

滑动导靴(sliding guide shoe)：设置在轿厢架和对重（平衡重）装置上，其靴衬在导轨上滑动，使轿厢和对重(平衡重)装置沿导轨运行的导向装置。

靴衬(guide shoe bush；shoe gib)：滑动导靴中的滑动摩擦零件。

滚轮导靴(roller guide shoe)：设置在轿厢架和对重装置上，其滚轮在导轨上滚动，使轿厢和对重装置沿导轨运行的导向装置。

对重装置(counterweight)：对重，由曳引绳经曳引轮与轿厢相连接，在曳引式电梯运行过程中保持曳引能力的装置。

平衡重(balancing weight)：为节约能源而设置的平衡轿厢重量的装置。

消防开关(fireman switch)：发生火警时，可供消防人员将电梯转入消防状态使用的电气装置。一般设置在基站。

护脚板(toe guard)：从层站地坎或轿厢地坎向下延伸、并具有平滑垂直部分的安全挡板。

挡绳装置(ward off rope device)：防止曳引绳或补偿绳越出绳轮槽的防护部件。

轿厢安全窗(top of car emergency exit;car emergency opening)：轿厢紧急出口，在轿厢顶部向外开启的封闭窗，供安装、检修人员使用或发生事故时援救和撤离乘客的轿厢应急出口。窗上装有当窗扇打开或没有锁紧即可断开安全回路的开关。

轿厢安全门(car emergency exit;emergency door)：应急门，同一井道内有多台电梯时，在两部电梯相邻轿厢壁上向轿厢内开启的门，供乘客和司机在特殊情况下离开轿厢，而改乘相邻轿厢的安全出口。门上装有当门扇打开或没有锁紧即可断开安全回路的开关装置。

学习笔记

近门保护装置(proximity protection device)：设置在轿厢出入口处，在门关闭过程中，当出入口附近有乘客或障碍物时，通过电子元件或其他元件发出信号，使门停止关闭，并重新打开的安全装置。

紧急开锁装置(emergency unlocking device)：为应急需要，在层门外借助三角钥匙孔可将层门打开的装置。

紧急电源装置(emergency power device)：应急电源装置，电梯供电电源出现故障而断电时，供轿厢运行到邻近层站或指定层站停靠的电源装置。

轿厢上行超速保护装置(device for uncontrolled ascending car protection)：当轿厢上行速度大于额定速度的115%时，作用在轿厢、对重、钢丝绳系统、曳引轮或曳引轮轴上，至少能使轿厢减速慢行的装置。

夹绳器(rope clip)：一种轿厢上行超速保护装置。当轿厢上行超速时，通过夹紧机构夹持曳引钢丝绳，使电梯减速的装置。

扁平复合曳引钢带(flat covered steel belt for drive)：由多股钢丝被聚氨脂等弹性体包裹形成的扁平状曳引轿厢用的带子。

永磁同步曳引机(permanent synchro motor)：采用永磁同步电动机的曳引机。

轿门锁(car door lock)：当轿厢在开锁区外时，防止从轿内打开轿门的装置。

能量回馈装置(regenerative power drive)：可将电梯机械能转换成有用电能的装置。

到站钟(arrival charm)：当轿厢将到达选定楼层时，提醒乘客电梯到站的音响装置。

楼宇自动化接口(build automation interfacing)：连接楼宇自动化系统的接口。可传送电梯运行信号和其他相关信号。

读卡器(card reader；card discriminate device)：设置在轿厢内，乘客通过身份卡操纵轿厢运行的装置；或设置在层站门一侧，乘客通过身份卡召唤轿厢停靠在呼梯层站的装置。

残疾人操纵盘(car operation panel for disabled persons)：特殊设计的轿厢操纵盘，以方便残疾人使用，尤其是轮椅使用人员操作电梯。

副操纵盘(second COP;second car operation panel)：在电梯的轿厢中轿门两侧设置有两个操纵盘，或在轿厢侧壁增加设置一个操纵盘，以便于乘客操作电梯运行。

内部通话装置(Internal call system)：对讲系统(alkback system)，用于轿厢内和机房、电梯管理中心等之间的相互通话。在电梯发生故障时，它帮助轿内乘客向外报警，同时便于电梯管理人员及时安抚乘客、减轻乘客的恐惧感；在电梯调试或维修时，方便不同位置有关人员之间相互沟通。

参考答案

模块一

项目1

1. 判断题

(1) × (2) √ (3) × (4) × (5) √

2. 选择题

(1) B (2) B (3) B (4) B (5) C

项目2

1. 判断题

(1) × (2) × (3) √ (4) √ (5) ×

2. 选择题

(1) B (2) C (3) C (4) D (5) C

1. 判断题

(1) × (2) √ (3) × (4) × (5) √

2. 选择题

(1) B (2) B (3) B (4) B (5) C

项目3

1. 判断题

(1) √ (2) √ (3) √ (4) × (5) ×

2. 选择题

(1) D (2) B (3) A (4) B (5) D

项目4

1. 判断题

(1) √ (2) × (3) √ (4) × (5) ×

2. 选择题

(1) B (2) C (3) B (4) C (5) C

模块二

项目1

1. 判断题

(1) √ (2) × (3) √ (4) √ (5) √

学习笔记

2. 选择题

(1) B (2) C (3) B (4) B (5) B

项目2

1. 判断题

(1) √ (2) √ (3) √ (4) × (5) √

2. 选择题

(1) A (2) C (3) B (4) C (5) B

项目3

1. 判断题

(1) × (2) √ (3) √ (4) × (5) √

2. 选择题

(1) B (2) D (3) D (4) A (5) B

模块三

项目1

1. 判断题

(1) √ (2) √ (3) × (4) √ (5) √

2. 选择题

(1) C (2) A (3) B (4) A (5) D

项目2

1. 判断题

(1) √ (2) √ (3) √ (4) √ (5) √

2. 选择题

(1) D (2) ABD (3) A (4) B (5) C

项目3

1. 判断题

(1) √ (2) × (3) × (4) × (5) √

2. 选择题

(1) B (2) D (3) A (4) D (5) B

模块四

项目1

1. 判断题

(1) √ (2) × (3) √ (4) × (5) √

学习笔记

2. 选择题

(1) A (2) B (3) C (4) B (5) D

项目2

1. 判断题

(1) √ (2) √ (3) √ (4) √ (5) √

2. 选择题

(1) AB (2) A (3) A (4) ABCD (5) ABD

模块五

项目1

1. 判断题

(1) √ (2) √ (3) × (4) × (5) √

2. 选择题

(1) C (2) D (3) A (4) ABCD (5) A

项目2

1. 判断题

(1) √ (2) × (3) × (4) √ (5) √

2. 选择题

(1) C (2) A (3) B (4) A

项目3

1. 判断题

(1) √ (2) √ (3) × (4) √ (5) √

2. 选择题

(1) B (2) C (3) A (4) D (5) A

模块六

项目1

1. 判断题

(1) × (2) × (3) √ (4) √ (5) ×

2. 选择题

(1) B (2) B (3) A (4) C (5) A

项目2

1. 判断题

(1) √ (2) × (3) √ (4) √ (5) ×

学习笔记

2．选择题

（1）D（2）A（3）A（4）D（5）C

项目3

1．判断题

（1）√（2）√（3）√（4）×（5）√

2．选择题

（1）C（2）B（3）A（4）B（5）D

模块七

项目1

1．判断题

（1）√（2）√（3）×（4）×（5）√

2．选择题

（1）D（2）C（3）B（4）A（5）A

项目2

1．判断题

（1）√（2）√（3）×（4）×（5）√

2．选择题

（1）A（2）A（3）B（4）B（5）C

项目3

1．判断题

（1）√（2）√（3）×（4）×（5）×

2．选择题

（1）D（2）A（3）B（4）B（5）B

参 考 文 献

[1] 袁建锋.电梯结构基础[M]．广州：华南理工大学出版社，2015.

[2] 陈路兴.电梯维修与保养[M]．广州：华南理工大学出版社，2015.

[3] 刘勇，张菲菲，马涛．电梯安全技术[M]．北京：机械工业出版社，2019.

[4] 马幸福.电梯法规与标准[M]．北京：化学工业出版社，2020.